OTMAR DIEZ

SELBSTVERSORGUNG AUS GARTEN & NATUR

KOSMOS

INHALT

DAS KOSTENLOSE EXTRA: DIE APP „KOSMOS PLUS"

Mit der Kosmos Plus App ganz einfach Zusatzinhalte über Selbstversorgung aus Garten & Natur bekommen.

Dieses Buch bietet weitere Inhalte, die im Buch durch dieses Symbol 001 gekennzeichnet sind.

Und so geht's:

1. Besuche den App Store oder google play
2. Lade die kostenlose App „KOSMOS Plus" auf dein Mobilgerät
3. Öffne die App, schalte die Inhalte mit folgendem Code „Selbstversorgung" frei und lade dir die Videos für das Buch *Diez, Selbstversorgung aus Garten & Natur* herunter
4. Auf den Seiten mit dem Symbol 001 bekommst du tolle Zusatzinformationen zum jeweiligen Thema. Dazu gibst du den dort genannten Zahlen-Code in die App ein oder suchst in der Medienliste den entsprechenden Inhalt.

Mehr Informationen finden Sie unter **plus.kosmos.de**

MEINE ART DER SELBST-VERSORGUNG

ERNTEZEIT

Mehr brauche ich nicht. Mein selbst angebautes Gemüse ist jetzt reif zum Ernten. Daraus entsteht ein leckeres Essen.

Mein Garten-paradies

Wieso, weshalb, warum? Wie ich zum Gärtner wurde

Die Entscheidung vor mehr als 30 Jahren, ein möglichst naturbewusstes Leben zu führen, war die weitreichendste und wertvollste, die ich je getroffen habe. Von Paracelsus stammt der Satz „Die meisten Krankheiten entstehen durch die Entfremdung der Menschen von der Natur". Dem ist nichts hinzuzufügen und genau so hatte ich es bis dahin erlebt.

Zwischen dem 30. und 40. Lebensjahr verbrachte ich viele Stunden bei Ärzten. Mir war noch nicht klar, wie wichtig die Selbstverantwortung für Ernährung, Bewegung und der Umgang mit Stress ist. Als ich erkannte, dass meine bisherige Lebensweise zu meinen gesundheitlichen Problemen geführt haben könnte, entstand der Wunsch, ein möglichst naturnahes Leben zu führen. Ohne jegliche Vorkenntnisse begann ich mit den ersten Gartenarbeiten und verbrachte viel Zeit in der Natur. Schnell merkte ich, dass diese Lebensweise – der gewohnten Arbeit nachzugehen und in der Freizeit ein naturbezogenes Leben zu führen – mir sehr guttat. Was mich bis heute noch immer beeindruckt, ist, dass sich meine jahrelangen Beschwerden, beispielswiese Tinnitus, im Laufe der Zeit in Luft auflösten.

DIE DREI MATCHWINNER

Die drei Faktoren Ernährung, Bewegung und Stressabbau beeinflussen Gesundheit und Wohlergehen maßgebend. Es spielt eine große Rolle, ob du dich ausschließlich von Fertigprodukten ernährst oder von frischem, möglichst biologisch angebautem Gemüse. Genauso wichtig ist Bewegung – egal ob Joggen, Nordic Walking, Schwimmen oder ein anderer Sport, der dir Freude bereitet. Bei der Gartenarbeit sind verschiedene körperliche Aktivitäten schon inklusive. Letztlich solltest du einfach Wege finden, wie du stressige Zeiten ausgleichen kannst.

IN DIESEM BUCH

Ich möchte dich gerne auf dem Weg zu einem naturbewussten Leben mit Selbstversorgung begleiten. Darum geht es auf den nächsten Seiten:

- Planung eines Gemüsegartens
- Bodenfruchtbarkeit dank Kompost, Terra Preta und Mulch
- Verschiedene Gemüsefamilien und -arten
- Gemüseernte verwerten
- Wildkräuter aus Garten und Natur
- Beerensträucher für deinen Garten
- Speisepilze selbst im Garten züchten

Du hast es in der Hand

Das Wichtigste ist, zu erkennen, dass nur du es in der Hand hast, dein Leben entsprechend zu gestalten. Am besten beginnst du mit einer ehrlichen Bestandsaufnahme, um dann Stück für Stück Veränderungen vorzunehmen. Ich bin mir sicher, einfacher und naturbewusster zu leben wird auch dir guttun.

001

Hallo

Im Video erzähle ich dir, wer ich bin und wie ich zum Selbstversorger wurde.

Gesunde Nahrungsmittel

Was für uns Menschen gesund oder schädlich ist, darüber gibt es unzählige Studien. Bekannt ist, dass Rauchen, zu viel Alkoholgenuss, starkes Übergewicht und mangelnde Bewegung die wesentlichen Faktoren für eine Vielzahl von Krankheiten sind. Hinzu kommt übermäßiger Zuckerverbrauch, zu viele Kohlenhydrate und stark veränderte, belastete Lebensmittel.

1

Leider schaden uns viele Nahrungsmittel heute mehr, als dass sie uns in irgendeiner Weise guttun. Wer sich näher mit diesem Thema beschäftigt, kann sich schnell überfordert fühlen bei all den äußerst unterschiedlichen Ernährungsempfehlungen, die zum Teil dogmatisch vertreten werden.

Den Überblick behalten

In der Tat muss man viel Zeit aufbringen, um das Kleingedruckte auf den Etiketten zu lesen und zu verstehen, wenn man im Detail wissen möchte, was letztendlich auf den Teller kommt. So ist beispielsweise Zucker in vielen Fertigprodukten in unglaublichen Mengen „versteckt", die man nie vermuten würde. Ebenso schwierig ist es oft, zu erkennen, wo und wie das in Supermärkten angebotene Gemüse ursprünglich angebaut wurde.

Welche Nahrungsmittel gelten heute als gesund?

Dies sind vor allem Gemüse, Beeren, Hülsenfrüchte, Salate, Obst, Vollkornprodukte, Fisch, zusätzlich Omega 3 aus fettem Seefisch oder Algenprodukten, Nüsse und pflanzliche Öle wie kaltgepresstes Olivenöl. Omega 3 hält die Zellen stabil, wirkt effektiv gegen Entzündung und stärkt die Abwehr. Heute gilt eine mediterrane Kost oder die Low-Carb-Methode mit ca. 25 % Kohlenhydraten, 50 % Fett und 25 % Eiweiß als gute Einteilung, um sich gesund zu ernähren. Hinzu kommen Kräuter und ausreichend Flüssigkeit in Form von Wasser oder Kräutertees.

Die Gruppe der Kohlgewächse

Die Gemüse der Kreuzblütler (Pflanzenfamilie) wie Blumenkohl, Grünkohl, Rosenkohl, Rettich, Radieschen, Kresse, Rucola, Senf und vor allem Brokkoli enthalten das Senföl Sulforaphan. In einer Studie der Uni Heidelberg wurde herausgefunden, dass Sulforaphan, ein bioaktives Molekül mit entzündungshemmenden Eigenschaften, gegen aggressive Krebsstammzellen wirkt. Möglichst viele Kreuzblütler in die Ernährung einzubauen ist also ein aktiver Beitrag für deine Gesundheit.

Du kannst frischen Brokkoli mit einem guten Öl für etwa 5 Minuten in der Pfanne anbraten oder gefrorene Röschen (ca. 300 g) für ca. 3 Minuten in 500 ml Wasser leicht köcheln. Die Röschen kannst du essen, das Wasser trinken.

„Nahrungsmittel sollen eure Heilmittel sein."

Diese Erkenntnis soll vom griechischen Arzt Hippokrates von Kos stammen.

WIE FINDE ICH FÜR MICH DIE RICHTIGE ERNÄHRUNGSWEISE?

Beobachtungen und Untersuchungen (z. B. Bluttest) helfen uns weiter.
Unser Körper gibt uns zu verstehen, was er gut verstoffwechseln kann, aber viel mehr, was er nicht haben möchte. Wenn du beispielsweise nach dem Verzehr von süßen Backwaren mit unzähligen Zusatzstoffen und Zucker Sodbrennen bekommst, ist es sicher besser, darauf möglichst zu verzichten. Mit einer Blutuntersuchung erhältst du einen Status von vielen Werten, die eng mit deiner Ernährung zu tun haben. Heute leiden 30 bis 40 % der Menschen in Mitteleuropa an einer Fettleber, die nichts mit übermäßigem Alkoholkonsum zu tun hat. Ursache hierfür ist unsere Ernährungsweise mit großen Mengen an Zucker und vor allem zu vielen Kohlenhydraten, keinen Essenspausen, stark veränderten Nahrungsmitteln und mangelnder Bewegung.

DU HAST ALLES, WAS DIR GUTTUT

Dein Garten bietet dir die besten Möglichkeiten, dich gesund und abwechslungsreich zu ernähren. Du kannst selbstangebautes Gemüse zum idealen Zeitpunkt und ohne Vitaminverlust (keine langen Transportwege!) ernten und mit Kräutern verfeinern. Pilze und Beeren bringen noch mehr Abwechslung in die Küche.
Das Allerwichtigste aber ist, dass dir schmeckt, was du isst, denn wenn du alles nur isst, weil es gesund ist, wird dein Speiseplan nicht von Dauer sein. Wenn du dann mal im Urlaub oder auf einer Feier über die Stränge schlägst, ist das auch kein Problem.

2

1. Von wegen Fastfood! Mit dieser Auswahl an frischen und unbelasteten Nahrungsmitteln leistest du einen wertvollen Beitrag für deine Gesundheit.

2. Brokkoli gilt als eines der wertvollsten Gemüse, die wir kennen.

Gärtnern – mehr als der Anbau von Gemüse

Im Jahre 1699 empfahl das Buch „English Gardener“ seinen Lesern, sie sollten „freie Zeit im Garten verbringen und umgraben, pflanzen oder jäten; es gibt kein besseres Mittel, die Gesundheit zu erhalten.“

Das war damals so richtig wie heute. Deshalb wird Gartenarbeit inzwischen sogar als eine wichtige Therapiemaßnahme in entsprechenden Klinken angewandt.

AUSGLEICH ZUM JOB

Die Arbeitswelt hat sich besonders in den letzten 20 Jahren in fast allen Berufsgruppen radikal geändert. Gewinnmaximierung, keine festen Arbeitszeiten, ständige Erreichbarkeit und Kontrollen in den Firmen, ob erwartete Ziele erreicht werden, bringen die Mitarbeiter weit über ihre Grenzen. Viele Menschen kommen sich verloren und jederzeit austauschbar vor, sehen keinen Erfolg bei ihrer Arbeit und erhalten von ihren Vorgesetzten wenig Wertschätzung. In manchen Branchen ist es schon normal, dass es nur noch befristete Arbeitsverträge gibt und Mittagspausen, wenn überhaupt, am Arbeitsplatz gemacht werden. Deshalb ist es umso wichtiger, die freie Zeit zu nutzen, um den Lebensakku wieder zu füllen. Dein Garten und die Natur können dir dabei wunderbar helfen. Das Wichtigste ist, dass du in der Freizeit aus dem oft ständig kreisenden Gedankenkarussel aussteigen kannst und Kraft schöpfst für die Anforderungen im Alltag.

Ganz wesentlich ist auch, Erfahrungen zu machen und Erfolge oder das Endergebnis der Arbeit und Bemühungen zu sehen. Nach einiger Zeit im Freien wirst du außerdem leichter und schneller einschlafen können.

BEWEGUNG TUT GUT

Bei einem meiner Gartenseminare erzählte mir eine Dame, dass sie sich ein Hochbeet bauen möchte, um ihren Rücken zu schonen. Eigentlich ist das nicht erwähnenswert, wenn sie nicht erst 29 Jahre gewesen wäre. Hinzu kam, dass sie den ganzen Tag im Büro saß. Heute frage ich gerne bei Vorträgen in die Runde „Wer von ihnen hat denn ein Hochbeet und warum“? Die Antwort kannst du dir sicherlich denken. Ich kann es mir dann allerdings nicht verkneifen, weiter zu fragen: „Und woher kommen die Rückenschmerzen“? Mindestens einer der Teilnehmer ruft dann laut in die Menge: „Weil wir uns zu wenig bewegen“. Stimmt! Durch das viele Sitzen vom Frühstückstisch bis zum letzten Fernsehfilm verkürzen sich Sehnen, Bänder und Muskeln in den Beinen, Rumpf, Gesäß und Faszien verkleben. Entsprechende Beschwerden lassen dann nicht lange auf sich warten.

1. Sieht einfach aus, ist es aber nicht. In der Hocke zu sitzen und wieder aufzustehen ist echtes Training für unsere Rücken- und Beinmuskulatur.

2. Beim Strecken werden andere Muskeln, Sehnen und Bänder beansprucht.

3. In einem gut strukturierten Garten sind immer wieder verschiedene Gemüse oder Pilze reif zum Ernten.

FÜR EINE KRÄFTIGE MUSKULATUR

Die Gartenarbeit schafft allerbeste Möglichkeiten, deine Muskulatur, die im täglichen Leben eher selten beansprucht wird, durch Dehnung zu kräftigen und zu stabilisieren. Wir bücken und strecken uns, heben auch mal schwere Sachen, knien am Boden und stehen wieder auf. Kostenloses Training und das an der frischen Luft.

Bewegung in der Natur und in deinem Garten bieten unendlich viele Gelegenheiten, um dir etwas Gutes zu tun – für Körper, Geist und Seele. Was will man mehr? Wenn du deinen Trainingsplan weiter optimieren möchtest, hast du die Möglichkeit, zusätzlich gezielte Übungen machen, zum Beispiel eine Zeitlang in der Hocke zu sitzen. Was in unserer Jugend ein Kinderspiel war, geht mit zunehmendem Alter schwer oder schon gar nicht mehr. Richtig ausgeführt sind beide Fersen am Boden und du hast einen möglichst geraden Rücken. Wenn das nicht gleich funktioniert, kann es für dich Ansporn sein, dies zu trainieren. Durch diese Übung werden Muskeln im Oberschenkel, Gesäß und im Rumpf gekräftigt und die Beweglichkeit und Elastizität in der Hüfte und den Sprunggelenken verbessert.

Außerdem regt die Gartenarbeit den Kreislauf an, was sich positiv auf dein Herz auswirkt, und der Blutdruck wird gesenkt. Gartenarbeit ist letztlich ein leichtes Kardiotraining.

ZEIT IN DER NATUR

Was erfahrene Gärtner auch ohne wissenschaftliche Studien wissen, ist die Tatsache, dass die Arbeit in und mit der Natur unserer Seele guttut. Der bedeutendste Faktor ist der Stressabbau, was in der Tat viele Studien belegen. Wer in seinem Garten aktiv ist, hat die allerbesten Chancen, Gedanken aus dem Arbeitsalltag eine Zeitlang zu vergessen. Beim Aufenthalt im Freien und an der frischen Luft füllst du den Vitamin-D-Speicher auf und stärkst das Immunsystem. Die unter-

1

2

3

schiedlichen Düfte und Formen wirken auf deine Sinne und die verschiedenen Grüntöne aktivieren die Glückshormone. Nicht zu unterschätzen sind Gespräche mit Nachbarn, Freunden und Bekannten.

MINIURLAUBE

Um sich zu erholen, setzen heute viele Menschen ihre ganzen Erwartungen auf die Urlaubstage. Aber funktioniert es wirklich, auf Knopfdruck „herunterzukommen", wenn unser Körper das im normalen Alltag auch nicht kennt? Man kann das mit einem Rennauto vergleichen, das Runde für Runde unter Vollgas gefahren wird. Dann erfolgt eine Vollbremsung, um zu tanken, bevor es wieder auf die Rennbahn geht. In die Planung des Urlaubs wird eine Menge Energie und erwartete Perfektion gesteckt. Oft sind es dann Reisen in entfernte Länder mit langen An- und Abflugzielen. Viele Menschen benötigen einige Zeit, um „abzuschalten" und Tage vor dem Urlaubsende denkt man wieder an seine Arbeit. Solche Urlaube sind meist großartige Erlebnisse, aber keine Erholung, die noch länger nachwirkt. Man geht heute davon aus, dass Erholungseffekte etwa eine Woche anhalten. Das ist nicht viel! Übrigens gibt es mittlerweile schon Fachbegriffe für den ersten Arbeitstag nach einem Urlaub: „Urlaubsrückkehr-Blues" oder „Post-Urlaubsdepression".
Was hältst du von „Miniurlauben", die du jeden Tag in dein Leben integrierst? Dabei

Schöne gemeinsame Momente im Garten bringen neue Energie für den Alltag.

Es beeindruckt mich immer wieder aufs Neue, welche reiche Ernte aus einem kleinen Zucchini-Samenkorn hervorgeht.

geht es um nichts anderes als um schöne und sinnvolle Erlebnisse im Alltag. Wenn das im Beruf nicht so gut möglich ist, dann kann dir das in der Freizeit gelingen. Es ist einfach beglückend, wenn du durch den Garten streifst, schaust, was gerade erntereif ist und dir daraus ein tolles und leckeres Essen zubereitest.

NEUE SICHT AUF DIE WESENTLICHEN DINGE DES LEBENS

Gärten können Kraftorte sein, in denen du Ruhe, Dank und Zufriedenheit findest. Leider sind vielen Menschen diese wunderbaren Tugenden verloren gegangen. Wir werden ständig bombardiert mit Dingen, die wir angeblich für unser Leben benötigen. Wenn ich manchmal Menschen sprechen höre, was sie unzufrieden oder unglücklich macht, dann sind das meist Dinge, von denen andere nur träumen können. Wer nicht zufrieden ist mit dem, was er hat, wird auch nicht zufrieden sein mit dem, was er haben möchte. Dankbar kann man zum Beispiel für ein Stückchen Garten sein, dass man nutzen kann, um Gemüse und Kräuter anbauen zu können. Die Beschäftigung mit der Natur und dem Garten hat mir immer mehr aufgezeigt, was ich alles nicht benötige und was für mich wirklich zählt. Zeit zu haben, um Dinge tun zu können, die mir wichtig sind und mich um eine gesunde und ausgewogene Ernährung kümmern zu können. Ich habe einen Mann kennenlernen dürfen, der mit 40 Jahren sein Augenlicht verlor und es mit 70 Jahren zurückbekam. Oft hat er minutenlang nur eine einzige Blume angeschaut und ihre Schönheit bewundert. Vielleicht gelingt dir das auch ohne solch ein einschneidendes Erlebnis.

ZEIT MIT DER FAMILIE

In meiner Jugend war es selbstverständlich, dass man gemeinsam mit der Familie beim Essen saß. Jeder konnte von seinen Tageserlebnissen erzählen.
Solche Momente sind heute aufgrund flexibler Arbeitszeiten oder vielen Freizeitaktivitäten leider eher selten geworden. Wenn es gelingt, Familienmitglieder in den Garten zu „locken“, ergeben sich ganz wunderbare Gelegenheiten, um gemeinsam Stunden zu verbringen oder mit dem geernteten Gemüse und Kräutern zu kochen.

Das ist mir wichtig

Bei der Beschäftigung mit den Transportwegen der Nahrungsmittelkreisläufe ist mir klar geworden, wie unglaublich komplex und nicht zu durchschauen diese Wege sind. Nahrungsmittel und Tiere werden oft Tausende von Kilometern um die ganze Welt transportiert. Das alles macht für mich keinen Sinn!

Die beste und einfachste Alternative ist nach meiner Erfahrung eine naturbewusste Lebensweise mit heimischen Produkten. Es reicht nicht aus, sich ausschließlich mit Bio-Nahrungsmitteln zu ernähren. Auch diese kommen aus der ganzen Welt zu uns. Die optimale Lösung ist „bio und regional". Das bedeutet, auf Versorger vor Ort zurückzugreifen (siehe S. 18, Versorgungsdreieck). Wer in seiner Umgebung einkauft, leistet einen wertvollen Beitrag, um die Belastungen durch unnötige Transportwege zu minimieren. Im Laufe der Zeit entwickelt sich zu den Landwirten, Hofläden und Gärtnern ein freundschaftliches Verhältnis mit Wertschätzung und Dank für die geleistete Arbeit. Du bist immer nahe an den Orten, an denen die Produkte angebaut wurden.

IMMER ETWAS ZU ERNTEN

Eine geschickte, abwechslungsreiche und ganzjährige Anbauplanung für Gemüse, Kräuter, Obst und Pilze macht Fahrten in den Supermarkt meist unnötig. Du läufst durch deinen Garten und schaust, was gerade erntereif ist. Einmal ist es vielleicht mehr Salat und Gemüse, ein andermal sind Pilze genau zum richtigen Zeitpunkt aus ihrem Substrat gewachsen. Kurze Wege zu Gemüse oder auch Wildkräutern, die man auch anpflanzen kann, helfen dir dabei, sie auch häufiger zu nutzen. Mir macht es jedes Jahr immer Freude, möglichst lange nicht in einen Supermarkt gehen zum müssen und von dem zu leben, was ich selbst angebaut habe oder in der Natur finden konnte.
Mir ist es wichtig, mit meinen eigenen Händen einen wesentlichen Beitrag zu meiner Ernährung zu leisten. Es ist ein unbeschreibliches und sinnstiftendes Gefühl, mit selbst geerntetem Gemüse, Kräutern und Pilzen etwas Leckeres zuzubereiten. Wer selbst seinen Gemüsegarten ansät, pflanzt und pflegt, wird zu den Nahrungsmitteln eine andere Beziehung aufbauen.

„Einfach leben und einfach, aber lecker kochen – das ist meine Lebensphilosophie."

1. Superfood aus dem Garten: frisches, biologisch angebautes Gemüse

2. Nutze auch die Wildkräuter aus deinem Garten, wie hier Bärlauch, Giersch, Knoblauchsrauke sowie die Blüten von Löwenzahn, Gänseblümchen und Gundermann.

Einfach lecker & gesund

2

Lohnt sich das?

Wenn du Bekannten oder Arbeitskollegen erzählst, dass du mit dem Gärtnern beginnen möchtest, wirst du wahrscheinlich Folgendes hören: „Das lohnt sich nicht und es ist außerdem viel zu viel Arbeit“. Lass dich davon nicht abhalten.

Gärtnern ist weit mehr als Arbeit und lässt sich nicht in Euro ausdrücken. Ich würde nie auf die Idee kommen, die Kosten für Wasser, Samen und Jungpflanzen mit den Kosten für gekauftes Gemüse zu vergleichen.

ZU VIEL ARBEIT?

Gärtnern sollte dir Freude bereiten und ein perfekter Ausgleich zu deinem Job sein. Damit dir die Arbeit nicht über den Kopf wächst, empfehle ich, den Nutzgarten zu Beginn nicht zu groß anzulegen. Dein Ziel sollte es sein, dich mit der Planung zu beschäftigen und Anbaumethoden und Arbeitsweisen zu wählen, die Zeit einsparen.

GANZJÄHRIGE VERSORGUNG

Wenn du deinen Anbauplan geschickt erstellst und dir Voraussetzungen für einen ganzjährigen Anbau schaffst, hast du das gesamte Jahr über frische Salate, Gemüse und Pilze zum Ernten, auch im Winter. Hierfür ist es wichtig, dass du vor allem die Wintersalate in der kalten Jahreszeit vor Frost schützen kannst (siehe S. 80).

DAS VERSORGUNGSDREIECK

Du entscheidest, was für dich machbar ist. Das hängt ganz entscheidend von deinen Möglichkeiten ab, sowohl von der Anbaufläche als auch der Zeit, die du aufwenden kannst oder willst. Der Garten sollte dir weiterhin Raum lassen für andere Aktivitäten in deinem Leben. Die komplette Selbstversorgung war nie meine Absicht, weil ich neben meinem Beruf und der Gartenarbeit auch viel Zeit in der Natur und ganz besonders im Wald verbringen wollte. So entstand das Versorgungsdreieck: Es besteht aus den Versorgungsmöglichkeiten Garten, Direktvermarkter (Biobauern) und Natur. Für jeden Menschen liegt die Gewichtung anders. Die Grundüberlegung ist, dass du deine Anbaufläche so effizient wie möglich bewirtschaftest. So macht es wenig Sinn, auf einer kleinen Fläche Gemüse mit einer langen Kulturzeit oder Arten, die viel Platz benötigen, anzubauen.

Erstell dir zunächst eine Liste von den Produkten, die in der Familie benötigt werden. Nun schaust du dir an, welche Dinge du selbst anbauen möchtest. Der nächste Schritt ist, Direktvermarkter und Hofläden in der Region zu suchen, denen du vertraust. Hinzu kommen jetzt, je nach deinem Kenntnisstand, Wildkräuter, Beeren und Pilze aus der Natur.

Mit dieser Methode wirst du weitgehend unabhängig vom Handel und bist in der Lage, dich mit gesunden und regional angebautem Biogemüse zu ernähren.

1. Auch ein kleiner Nutzgarten kann schon ein wertvoller Beitrag für die Versorgung mit Gemüse und Kräutern sein.

2. Hofläden und Direktvermarkter ergänzen wesentlich die Möglichkeiten zur Selbstversorgung, so wie ich diese sehe.

3. Wildkräuter wachsen oft von allein in deinem Garten. Beginne zunächst mit denen, die du sicher kennst, beispielsweise die Brennnessel.

HIER LÄSST SICH ZEIT EINSPAREN

- **Anzucht:** Du kannst alle Pflanzen, manche oder keine selbst aussäen. Wenn du in deinem Umfeld Bezugsquellen für Jungpflanzen hast, ist das eine großartige Alternative zur eigenen Voranzucht.
- **Jährliches Umgraben:** Diese Arbeit bleibt dir erspart, wenn es dir gelingt, deinen Boden feinkrümelig und locker zu halten. Hierbei helfen Kompostgaben und Mulchen.
- **Gartenabfälle entsorgen:** Die allermeisten Abfälle können entweder kompostiert oder zum Mulchen verwendet werden. Damit sparst du viel Zeit für den Transport zu einer Grüngutstelle.
- **Gießen:** Nutze Hilfsmittel wie Bewässerungstechnik mit Zeitschaltuhr, Gartenschläuche mit Löchern und Ollas. Das spart Zeit und du musst dir keine Gedanken machen, wenn du mal ein paar Tage unterwegs bist.
- **Verwertung von Gemüse und Kräutern:** Dieser Punkt wird oft vollkommen unterschätzt. In den Monaten Juni bis Juli wird viel Gemüse gleichzeitig reif. Du kannst es effektiv verarbeiten und haltbarmachen.

2

3

LOS GEHT'S – DIE PRAXIS

AB IN DIE ERDE

Erst pflanzen und pflegen, dann ernten. Wie werden wohl deine ersten selbst angebauten Pflanzen gedeihen?

Rahmenbeet: perfekt für den Anfang

Fang einfach an!

Lass dich nicht von den unterschiedlichen Berichten über Selbstversorgung verunsichern. Es ist alles nicht so kompliziert, wie es vielleicht zunächst aussieht, und es ist noch kein Meister vom Himmel gefallen. Also ran an Spaten und Harke und los geht's.

Neben Gartenbüchern und Magazinen bieten Internet und Social Media gigantische Informationsmöglichkeiten. Es gibt Onlineseminare und Vorort-Gartenseminare, in denen neben der Theorie auch die Praxis gezeigt wird. Hier lernst du vieles über den Gemüse- und Kräuteranbau und wie du einfach Pilze züchten kannst.

ERST KLEIN, DANN GRÖSSER

Beginne zunächst mit einer überschaubaren Fläche und mit den Gemüsearten, die einfach anzubauen sind, schnell wachsen und bei denen die Gefahr, dass sie von Schädlingen befallen werden, eher gering ist. Wie du einen Plan erstellst, zeige ich dir auf den nächsten Seiten. Setze diesen um und arbeite dich Stück für Stück in das Selbstversorger-Gärtnerleben ein.

Im Frühjahr beginnt je nach der Beetform, die du zur Verfügung hast, schon recht früh der Anbau von Salaten, Radieschen und Spinat. Du erkennst schnell, wie viel Zeit du für diese Fläche aufbringen musst und was auf Anhieb gut oder eher weniger funktioniert. Diese Methode ist besser als das, was ich oft erlebe: Manche Menschen lassen sich von YouTube-Filmen verleiten, sofort in die komplette Selbstversorgung einzusteigen, was dazu führt, dass einem die Arbeit schnell über den Kopf wächst und man frustriert aufgibt. In den Videos werden zum Teil große Gärten gezeigt, die anscheinend von einer einzigen Person allein gepflegt werden. Oft steht aber ein ganzes Team dahinter, das du in den Beiträgen nicht siehst.

Hast du deinen zunächst kleineren Garten gut im Griff, kannst du besser einschätzen, was es für dich bedeuten würde, wenn er doppelt so groß wäre.

GLEICHZEITIG REIF

Was oft unterschätzt wird, ist die Menge an Gemüse und Salaten, die gleichzeitig erntereif wird. Mach dir Gedanken, wie du Gemüse effektiv weiterverarbeiten kannst (siehe S. 86 ff.). Du wirst deine individuellen Erfahrungen über die Menge der einzelnen Gemüsearten, die du in deiner Familie benötigst, machen. Learning by doing ist die beste Methode. Vier Zucchinipflanzen sind beispielsweise in der Regel zu viel. Für einen 4-Personen-Haushalt reichen meist zwei bis drei Pflanzen.

„Erfahrungen kann man nicht erben oder kaufen, du musst sie selbst erleben."

Die besten Plätze für Gemüse und Kräuter

Nicht jede oder jeder hat eine große Fläche zur Verfügung, die in einen Selbstversorgergarten verwandelt werden kann. Macht nichts! Halte dich nicht damit auf, wenn du derzeit nicht die optimalen Bedingungen hast.

1

Ich zeige dir verschiedene Möglichkeiten, wie du zum Gärtnerglück kommen kannst.

EIGENER GARTEN

Das ist sicherlich der Traum jedes Gärtners und jeder Gärtnerin: nah am Haus eine Fläche, selbst wenn es nur 10 m^2 sind, nutzen zu können. Hier sammelt man seine ersten Erfahrungen zur „Selbstversorgung light". Hast du mehr Platz, kannst du natürlich auch mehr anbauen. Neben Gemüse und Kräutern kannst du Beerensträucher pflanzen oder du findest vielleicht ein schattiges Plätzchen, um Pilze zu züchten.

BALKON ODER TERRASSE

Deiner Fantasie sind keine Grenzen gesetzt, wenn es um die bestmögliche Nutzung von Wänden, Boden oder dem Balkongeländer geht. In Töpfen, Säcken und großen Kübeln können die meisten Gemüsearten kultiviert werden. In Töpfen baue ich Kräuter wie Rosmarin, Oregano, Petersilie und Schnittlauch an. Tomaten und sogar Grün- oder Palmkohl wachsen in einem größeren Topf ausgezeichnet. In aufrechtstehenden Säcken funktionieren Gurken und sogar Zucchini und in Balkonkästen Salate, Radieschen sowie Spinat. Das Wichtigste ist im Vorfeld, die Gefäße mit Löchern für den Wasserabfluss zu versehen und ganz unten eine Dränageschicht (z. B. Blähton, Kies oder Tonscherben) in die Kübel zu füllen. Da das Erdvolumen begrenzt ist, solltest du eine gute Nährstoff- und Wasserversorgung sicherstellen.

GÄRTNERN IM GEWÄCHSHAUS

Das Gärtnern in einem Gewächshaus schafft tolle Möglichkeiten, die Anbauzeit wesentlich zu verlängern und macht einfach viel Freude. Es genügen schon wenige Sonnenstrahlen, um mollige Wärme im Innern zu erzeugen. Es schützt auch vor kalten Winden, starkem Regen und Hagel. Die Bauweisen reichen von selbst gebauten Variationen mit alten Fenstern über Foliengewächshäuser bis zu Hightech-Häusern mit automatischen Lüftern, automatischer Bewässerung und Heizungen.
Mein Tipp: Entscheide dich lieber für eine Nummer größer. Du kannst die geschützte Umgebung wunderbar für

die Aussaat und Anzucht deiner Jungpflanzen nutzen und auch für die Kultur von wärmeliebenden Arten wie Tomaten, Auberginen und Gurken – und die brauchen genügend Platz zu den Nachbarpflanzen.

Ein Jahr im Gewächshaus

Mein Gewächshaus ist 5 m lang und 2,80 m breit. Ab Februar beginne ich mit der Aussaat der ersten Salate, Radieschen und Spinat. Achte darauf, dass die Kulturzeit

2

1. Ein Gewächshaus, der Traum jedes Gärtners, bietet beste Gelegenheiten für den ganzjährigen Gemüseanbau. Baue es lieber zu groß als zu klein.

2. Viele Küchenkräuter wie Majoran, Basilikum, Schnittlauch oder Thymian lassen sich auch in Töpfen anbauen.

Früher Fabrikgelände, jetzt ein Gemeinschaftsgarten mitten in Nürnberg

der ersten Art nicht zu lange ist, damit der Platz frei wird, wenn dann ab Mitte April die ersten Tomaten gepflanzt werden. Diese bleiben meist bis Mitte September an ihrem Platz, um dann von Endivien und Winterkopfsalaten abgelöst zu werden. Das Gewächshaus wird wirklich das ganze Jahr über genutzt.
Damit der Boden fruchtbar bleibt, kam ich vor einigen Jahren auf die Idee, im Gewächshaus zwei kleine Komposter aus Klapprahmen aufzustellen. D. h. ich gebe meine gesamten Gewächshausabfälle hinein, fülle mit Pferdemist auf und lasse das Ganze etwa ein Jahr kompostieren. Dann werden die Rahmen abgebaut und ich verteile die fruchtbare Erde im Gewächshaus. Diese Arbeitsweise schafft kurze Wege für die Entsorgung der Grünabfälle und gewährleistet dauerhaft einen fruchtbaren und humosen Boden.

002

Platz zum Gärtnern

In diesem Video erzähle und zeige ich dir, wo du überall gärtnern kannst.

SCHREBERGARTEN

Fast wie Gold werden mittlerweile freiwerdende Schrebergarten-Parzellen gehandelt. Manche Menschen warten tatsächlich Jahre darauf. Die Flächen sind meist recht groß, sodass die Pächter im Rahmen des Erlaubten ideale Möglichkeiten haben, ihre Vorstellungen umzusetzen. In der Regel sind Gartenhäuser erlaubt, die teilweise schon wie kleine Wohnungen ausgebaut werden. In den meisten Anlagen besteht eine Verpflichtung, einen Teil des Gartens für den Anbau von Gemüse und Obst zu nutzen.

URBAN GARDENING

Schau dich in der Stadt nach Gemeinschaftsgärten um. Hier wird oft mitten in der Stadt auf freien Flächen ehemaliger Betriebe oder auf Parkplätzen gegärtnert. Ich bin immer wieder begeistert, wenn ich sehe, mit wie viel Engagement und Ideenreichtum in Bäckerkisten, Palettenhochbeeten oder Säcken Gemüse und Kräuter angebaut werden. Hier enstehen auch viele neue Freundschaften.

FELDGÄRTEN UND MIETÄCKER

Eine weitere Option sind die sogenannten Feldgärten. Hier ist es meist so, dass ein Landwirt eine Fläche zur Verfügung stellt. Diese wird in Parzellen eingeteilt, die dann an die Interessierten verpachtet werden. Je nach Vertrag kann es sein, dass der Grundstücksbesitzer Gartengeräte stellt oder auch das Gießen übernimmt. D. h. die Pächter bauen an, was sie möchten, kommen aber nur, wenn sie Zeit haben, und zum Ernten.

GENERATIONEN-GÄRTNERN

Besonders auf dem Land besteht eine viel zu wenig genutzte weitere Möglichkeit, nämlich ältere Menschen bei der Gartenarbeit zu unterstützen. Um die Ortschaften gibt es oft Gartenparzellen, die schon seit Jahrzehnten bewirtschaftet werden. Die Kinder der Gartenbesitzer wohnen oft nicht mehr in der Nähe oder haben kein Interesse an der Gartenarbeit. Frag einfach nach, ob du helfen kannst und/oder eine Ecke der Fläche nutzen darfst. Das ist eine echte Win-win-Situation. Die älteren Menschen bekommen Unterstützung und Unterhaltung und du kannst von ihren Erfahrungen lernen.

DER KLEINSTE GARTEN DER WELT

Besorge dir im Gartencenter oder im Baumarkt einen großen Sack Gemüseerde (40 oder 45 Liter). Lege ihn an einen Platz, wo er in den nächsten Wochen bleiben kann. Zur Sicherheit kannst du ein Brett darunterlegen. Dies ermöglicht es, den Platz auch noch zu verändern. Entferne auf einer Seite bis auf einen Rand von etwa 10 cm die Folie. Als Bepflanzung schlage ich dir zwei Buschtomaten, vier Pflücksalate, zwei bis vier Kohlrabi und ein paar Radieschen vor. Zwischendrin kannst du noch Basilikum und Petersilie anpflanzen. Du wirst überrascht sein, was du aus diesem kleinen Garten alles ernten kannst.

1

2

3

1. Es ist immer wieder erstaunlich, was man alles in einem Sack Blumenerde anbauen kann.
2. Ältere Menschen sind dankbar, wenn sie bei der Gartenarbeit Unterstützung bekommen und geben ihre Erfahrungen gerne weiter.
3. Feldgärten sind meist im Umfeld von Großstädten zu finden und eine gute Möglichkeit zum Gärtnern, wenn man keinen eigenen Garten besitzt.

Planung: Was sind die ersten Schritte?

Niemand würde auf die Idee kommen, ein Haus ohne einen detaillierten Plan zu bauen. Bei der Anlage von Gemüsegärten ist das leider eher der Fall. Über Jahre müssen dann Fehler korrigiert oder Gartenbereiche umgestaltet werden.

Was du alles beachten solltest und wie du dir leicht einen Plan selbst erstellen kannst, möchte ich auf den nächsten Seiten zeigen.

PLATZ UND GRÖSSE

Wenn du Wahlmöglichkeiten hast, such dir eine ebene und halbschattige Fläche aus, auf dem der Boden nicht durch Abfall verunreinigt oder anderweitig belastet ist. Die Ausrichtung ergibt sich in aller Regel nach den Gegebenheiten am Standort. Optimal ist in den meisten Fällen eine Nord-Süd-Ausrichtung, weil sich der Schattenwurf auf niedrig wachsende Pflanzen in den Mittagsstunden in Grenzen hält. Achte darauf, dass keine großen Bäume oder eine Hecke in unmittelbarer Nähe stehen. Diese ziehen Nähstoffe bzw. Wasser aus dem Boden und können Schatten werfen.
Wie groß du deinen Gemüsegarten planen willst, hängt natürlich von der Anzahl der Personen in der Familie ab und von deinen Vorstellungen der Selbstversorgung, wie viel Zeit du erübrigen kannst und was du alles anbauen möchtest. Meine Nutzgartenbeete umfassen 35 m², zusätzlich 10 m² im Gewächshaus. Diese Fläche reicht für einen 4-Personen-Haushalt, unter Berücksichtigung des Ernährungsdreiecks, aber natürlich nicht für eine komplette Vollversorgung, vollkommen aus.

Platz für das Gewächshaus

Da das Gewächshaus ein sehr prägendes Gestaltungselement ist, sollte der Standort genau bedacht werden:

- Optimaler Licht- und Sonneneinfall während des Jahres
- Kein Schattenwurf von Bäumen
- Wasser- und Stromversorgung
- Zugänglichkeit mit einer Schubkarre
- Abstand zum Haus
- Rechtliche Bestimmungen bzw. erforderliche Baugenehmigung

ZUGÄNGLICHKEIT

Mit einem Auto und Anhänger an das Gartengrundstück fahren zu können, stellt eine große Erleichterung dar. Baumaterialien können bis an den entsprechenden Platz gebracht oder anfallende Abfälle ohne große Mühe entsorgt werden. Ich habe das leider nicht und somit einen erheblich größeren Kraftaufwand, um solche Arbeiten zu erledigen.

1

2

1. In diesem kleinen Garten wurde der Platz optimal für ein Gewächshaus, zwei Beete und einen Komposter genutzt.

2. Besonders wichtig ist bei der Planung, die Wasserversorgung und die notwendigen Leitungen zu berücksichtigen.

1

2

1. Dieses Gewächshaus ist mit Doppelstegplatten ausgestattet und hat eine breite Tür, damit man auch mit einer Schubkarre hineinfahren kann.

2. Mit diesen Thermokompostern habe ich die besten Erfahrungen gemacht. Sie verfügen über große Klappen zum Einfüllen und Entleeren sowie eine geschlossene Hülle, damit keine Mäuse hineinkommen.

STROM UND WASSER

Besonders während der Baumaßnahmen wirst du immer wieder mal einen Stromanschluss für Maschinen benötigen. Notfalls kann man die Stromversorgung mit einem Verlängerungskabel sicherstellen.
Wichtiger ist die Wasserversorgung. Hierzu gibt es die Entnahme aus dem öffentlichen Wassernetz. In den letzten Jahren gab es schon die ersten Verbote, den Privatgarten mit Trinkwasser zu gießen. Dieses Thema wird in nächster Zeit sicherlich häufiger relevant werden. Deshalb ist es umso wichtiger, Regenwasser zu sammeln. Nutze deine Möglichkeiten vor Ort optimal aus. In die Fallrohre der Dachentwässerung können auch im Nachhinein Klappen eingebaut werden. Wasser kann man in Fässern, Tanks und Zisternen sammeln. Bei einem Neubau sollten Möglichkeiten zum Wassersammeln schon fest mit eingeplant werden. Oft stehen ohnehin Baugruben offen, in die unterirdische Anlagen eingebaut werden können. Die Wasserentnahme geschieht mit Pumpen.

KOMPOST- UND LAGERPLATZ

Eines der wesentlichen Dinge eines Selbstversorgergartens ist die Möglichkeit, organischen Abfall zu kompostieren. Der Platz, den du hierfür benötigst, hängt von der Anzahl und der Größe der Kompostierbehältnisse ab. Diese lassen sich leicht selbst bauen oder in allen möglichen Variationen kaufen. Beachte bei der Planung, dass auch Platz zum Befüllen und Entleeren des Kompostes vorhanden sein sollte. Ein Lagerplatz wird beispielsweise benötigt, um Grünabfall für die Entsorgung zu lagern. Für zwei Komposthaufen oder Komposter nebeneinander mit entsprechendem Arbeitsraum solltest du mindestens 4 m^2 einplanen.

Vorbereitung des Bodens

Im besten Fall war zuvor auf dem Grundstück schon ein Nutzgarten und die Erde ist fruchtbar, locker und gut mit Humus versorgt. Nach einer Baumaßnahme ist es in den allermeisten Fällen jedoch ganz anders. Schwere Baumaschinen haben das Erdreich stark verdichtet und die Böden ähneln eher einer Betonfläche. Hier macht es Sinn, den Boden mit einer Gartenfräse zu lockern. Ziel sollte es sein, immer die Bestandteile zu ergänzen, die zu einer Bodenverbesserung beitragen. Bei schweren und lehmigen Böden hilft es, Sand und Kompost einzuarbeiten.

Mit dieser Methode konnte ich schon einige schwere Lehmböden wunderbar auf Dauer lockern. Bei sandigen, durchlässigen Böden solltest du entsprechend Lehm einarbeiten, um die Wasser- und Nährstoffhaltefähigkeit zu verbessern.

Wichtig ist es, immer wieder Kompost einzuarbeiten sowie Mulch und wenn möglich EM (Effektive Mikroorganismen, siehe S. 72 ff.) aufzubringen, damit der Boden durch die Bodenorganismen belebt und bearbeitet wird. Wenn das Erdreich durch Bauschutt, Wurzeln, größere Steine verschmutzt ist, rate ich dir, einige Stunden zu investieren, um den Boden durch ein Durchwurfsieb zu werfen. Das bedeutet, dass du dauerhaft alle unerwünschten Abfälle loswirst. Machst du das nicht, wirst du diese jahrelang von einer Seite auf die andere bewegen.

Gärtnern unter ungünstigen Bedingungen

Nicht jede:r kann sich über gute Bedingungen zum Anbau von Gemüse freuen. Die beste Alternative sind Hochbeete (siehe S. 38 ff.). Hier kannst du innerhalb der Umrahmung einen fruchtbaren Boden schaffen und auf Dauer erhalten, indem du immer wieder Nährstoffen einbringst und mulchst. Die Wasserversorgung lässt sich außerdem mit Ollas sicherstellen. Mehr dazu auf den Seiten 62/63.

Durchwurfsieb

Vor der Anlage eines Gartens ist es meist sinnvoll und notwendig, verdichtete Böden zu lockern und sie von Abfall, Steinen oder Wurzelteilen zu säubern.

1

Bodenanalyse

Du kannst die Beschaffenheit deines Bodens nach Farbe, Struktur (wie krümelig ist er?) und anhand der erkennbaren Bodenlebewesen grob beurteilen. Einen genaueren Überblick verschafft dir eine Bodenanalyse, wie sie entsprechende Institute für wenig Geld durchführen. Meist druckst du dir ein Begleitschreiben auf der Internetseite der Institute aus. Hier hältst du fest, in welchem Bereich du eine Bodenprobe entnommen hast. Pro Probe entnimmst du etwa 500 g Erde aus einer Tiefe von 30 cm. Ich habe am Anfang an drei Stellen Proben entnommen. Diese schickst du an das Labor und bekommst detaillierte Untersuchungsergebnisse – in der Regel über pH-Wert, Phosphat-, Kali-, Magnesium- und Humusgehalt. Du erhältst einen Vergleich zwischen deinen ermittelten Werten mit den angegebenen Sollwerten. Enstprechend kannst du jetzt gezielt die Stoffe zuführen, die nicht in optimaler

2

Konzentration vorliegen oder beim Düngen die Komponenten weglassen, die bereits in zu großen Mengen vorhanden sind. So kann beispielsweise ein zu stickstoffhaltiger Boden zu einer unerwünschten und auch gesundheitsschädlichen Nitratbelastung führen.

Vom Rasen zum Gemüsebeet

Wenn du eine vorhandene Rasen- oder Wiesenfläche in einen Gemüsegarten umwandeln möchtest, muss zunächst der Grasbewuchs beseitigt werden. Hierzu stichst du mit einem Spaten die Grassoden aus. Eine andere Möglichkeit ist, die Fläche mit einer absolut lichtundurchlässigen Folie für mindestens sechs Monate – am besten in den Sommermonaten – abzudecken. Das bedeutet, dass die Pflanzen darunter keine Fotosynthese leisten können und langsam absterben. Nach dieser Zeit werden die verwelkten Pflanzenteile inklusive der Wurzeln entfernt. Je nach Bodenbeschaffenheit wird nun der Boden gelockert, mit Kompost, Sand oder Humus verbessert, und das Gärtnern kann losgehen.

3

4

5

1. Ich würde dir empfehlen, an zwei bis vier Stellen in deinem Garten Bodenproben, etwa 500g pro Analyse, zu entnehmen. Beschrifte die Tüten mit Nummern und notiere dir, an welcher Stelle du diese entnommen hast.

2. Lade dir ein Begleitschreiben aus dem Internet und schicke es zusammen mit den Proben an ein Bodenuntersuchungsinstitut. In einigen Tagen kommt die Analyse.

3. Vom Rasen zum Gemüsebeet: Decke die Wiesenfläche für mehrere Monate mit einer lichtundurchlässigen Folie ab.

4. Wurzeln, Pflanzenteile und Steine entfernen. Boden lockern und verbessern.

5. Stark verdichteter Boden nach eine Baumaßnahme

1

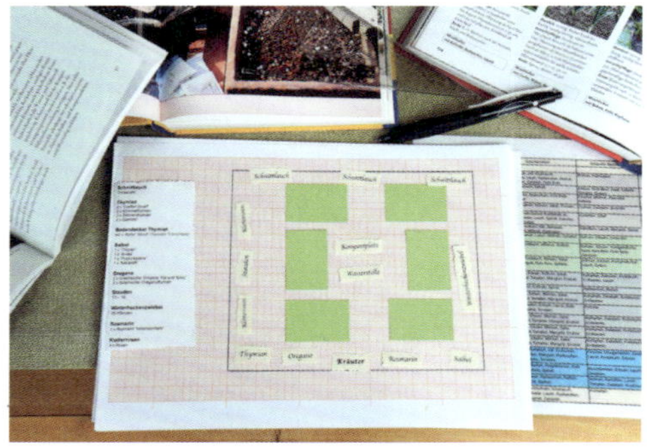

2

3

1. Berücksichtige bei der Planung auch die Anlage der Gartenwege. Hier wurden die Bereiche zwischen den Trittplatten mit *Sedum* bepflanzt.

2. Ein durchdachter Plan für die Anlage eines Gemüsegartens erspart dir auf Dauer eine Menge unnötiger Arbeit.

3. Dieser Selbstversorger-Gemüsegarten ist sehr groß. Zu groß, um ihn neben einer Vollzeitstelle bewirtschaften zu können.

003

Planung Schritt für Schritt

In diesem Video erläutere ich die ersten Schritte bei der Planung eines Selbstversorgergartens.

GARTENWEGE

Gepflasterte Wege, bei denen die Fugen ausgeschlämmt wurden, lassen keine Pflanzen mehr wachsen. Alle anderen Bauweisen sind meist so konzipiert, dass immer wieder Unkräuter gejätet werden müssen. Du kannst die Wege mit Trittplatten in Schrittlänge gestalten und zwischen diesen die Restflächen mit bodendeckenden Kräutern wie Sand-Thymian oder niedrigen Kamillenarten bepflanzen oder auch *Sedum*-Sprossen ausbringen, wie auf einem Dach. Die Wege sollten so breit angelegt werden, dass auch eine Schubkarre Platz hat, mindestens 60 cm.

PLANUNG DES GEMÜSEGARTENS

Besorge dir ein DIN-A4-Millimeterpapier und einen bunten Karton. Zeichne nun die geplante Fläche möglichst groß, aber maßstabsgerecht auf das Papier. Trage Wasser- und Stromanschlüsse, den Kompostierplatz usw. ein. Als Nächstes legst du die Größe deiner Beete fest und schneidest hierzu kleine Schablonen aus dem Buntkarton aus. Lege diese an den Platz, an dem du dir die Beete vorstellst.

Beetbreiten von 1,20 bis 1,50 m finde ich optimal, damit du die Beete bearbeiten kannst, ohne sie betreten zu müssen. Die Länge der

Beete ist beliebig und hängt von Form und Größe deines Gartens ab. Nun ergeben sich ganz von allein die Wegbreiten und Flächen, die du vielleicht mit Kräutern oder Beerensträuchern bepflanzt.
Wenn alles so weit deinen Vorstellungen entspricht, kommt der nächste Schritt: die Erstellung einer Pflanzliste zum Beispiel für die Randbepflanzung. Lass dir hierfür Zeit und beachte die endgültige Größe der Pflanzen. Es wäre schade, wenn du die jungen Pflänzchen zu eng setzt und nach einigen Jahren feststellst, dass der Platz für sie nicht reicht. So gelingt es dir, allein und ohne Kosten „deinen Plan“ zu erstellen, den du dann in die Realität umsetzen kannst. Kleine Veränderungen bei der Realisierung werden den Plan weiter optimieren.

Kräutermosaik

Einige wenige Quadratmeter reichen aus, um ein Kräutermosaik anzulegen. Hierzu legst du größere Platten wie ein Schachbrett aus und pflanzt in den Zwischenräumen Küchen- oder Heilkräuter. Somit erreichst du auch bei Regenwetter trockenen Fußes jede Stelle im Mosaik und zudem schaut das Ganze noch richtig toll aus. Genaueres zur Anlage findest du auf Seite 151.

Dank der im Schachbrettmuster verlegten Platten erreichst du jede Heilpflanze trockenen Fußes.

Die verschiedenen Beetformen

Mit der Auswahl passender Beetformen kann die Anbauzeit wesentlich verlängert werden. Einige eignen sich ausgezeichnet, um Gartenabfälle direkt an Ort und Stelle zu kompostieren und in wertvollen Humus umzuwandeln.

1

Ich stelle dir die Vor- und Nachteile verschiedener Beetformen vor und gebe dir Anwendungshinweise. Ganz besonders am Herzen liegt mir eine spezielle Beetform, das Kompost-Hochbeet.

GÄRTNERN AM BODEN

Das ist sicherlich die älteste Anbaumethode, die unsere Vorfahren schon vor Tausenden von Jahren nutzten. Ohne weitere Hilfsmittel wird das Gemüse direkt in die Erde gepflanzt. Die Bearbeitung geschieht mit entsprechenden Gartenwerkzeugen im Stehen oder du musst dich auch mal bücken.

FRÜH- UND WINTERBEETE

Gute Möglichkeiten, um deine Gemüsepflanzen vor Kälte, Wind, Hagel oder Starkregen zu schützen, sind der wesentliche Faktor, um die Abbauzeit von wenigen Monaten auf das ganze Jahr zu strecken. Du findest auf dem Markt spezielle, zum Teil sehr aufwendige und teure Varianten. Es reicht aber vollkomen aus, wenn du dir ein Frühbeet aus alten Fenstern oder Ähnlichem baust. Wichtig ist der Schutz vor Frost und vor allem vor kalten Winden. Hauptsache, du kannst schnell reagieren, wenn es die Wetterlage erforderlich macht. Dank der geschützten Umgebung kannst so bereits im März mit der Aussaat von einigen Gemüsearten beginnen und im Winter frostfeste Salate ernten.

RAHMENBEET

Seit einigen Jahren gärtnere ich unter anderem mit Rahmenbeeten, die sich ganz hervorragend bewährt haben. Dazu nutze ich Klapprahmen aus dem Palettenbau, allerdings mit geänderten Maßen von 1,5 × 1 m, aus heimischem Lärchenholz. Passend gibt es eine Abdeckung aus Plexiglas aus dem Gewächshausbau. Die Rahmen stehen direkt auf der Erde. Bei Frost und Hagel wird die Klapp-

abdeckung verwendet. Im Herbst werden Gartenabfälle darin entsorgt und alles mit Gartenerde abgedeckt. Daraus entsteht ein wertvoller Humus.
Diese Beetform lässt sich auch als Früh-, Winter- und Lagerbeet nutzen. Letztlich könnte man mit den Stapelrahmen auch ein Hochbeet bauen. Gebaut und verkauft wer-

2

1. Dieser Garten hat nur eine Fläche von 30 m² und wird mit Kräutern umrahmt. Auf dem großen Hügelbeet rechts werden Gemüse und in den kleineren Stapelrahmen Pilze angebaut.

2. Alte Wannen oder Kübel reichen aus, um auf Terrasse oder Balkon Salate und Kräuter anzubauen.

Ein altes Fenster im Holzrahmen kann wertvolle Dienste als kostengünstiges Frühbeet leisten.

004

Beetformen

In diesem Video erzähle ich dir noch mehr über die verschiedenen Beetformen.

den die Rahmen und Abdeckungen in Werkstätten für Menschen mit Behinderung im Kloster Maria Bildhausen (siehe S. xy).

HOCHBEET

Hochbeete sind unfassbar beliebt und weit verbreitet – in verschiedensten Materialien, Bauweisen und Größen.

Aufbau und Schichtung

Von unten kann man ein Drahtgeflecht zum Schutz vor Wühlmäusen einbauen und die Innenwände sollten gegen Feuchtigkeit geschützt werden. Allerdings nicht mit Folien, da diese giftige Stoffe an die Erde abgeben können. Ganz nach unten kommen – etwa 20 bis 30 cm hoch – grobteilige Gartenabfälle wie Äste, Zweige, Staudenrückschnitt und andere Grünabfälle. Darauf wird eine ebenso dicke Schicht Kompost gegeben und darüber wird das Hochbeet mit Gartenerde aufgefüllt.
Die Verrottungsvorgänge werden dazu führen, dass sich die Erde zum Teil erheblich setzen wird. Unten im Hochbeet entsteht wertvoller Humus, an den lediglich die Tiefwurzler wie Tomaten, Pastinaken oder Rettiche gelangen können. Eine Alternative hierzu ist das Kompost-Hochbeet (siehe S. 41 ff.).

Vorteile

Ich finde Hochbeete vor allem dann angebracht, wenn in der Nähe von Hecken oder großen Bäumen, die Nährstoffe aus dem Boden ziehen, gegärtnert werden soll oder die Bodenverhältnisse eine direkte Bepflanzung nicht zulassen. Dies könnte bei sehr stark verdichteten, belasteten oder gar Betonböden der Fall sein. Und auch dann, wenn jemand körperlich nicht in der Lage ist, in erdnahen Beeten zu arbeiten. In Hochbeeten ist es zudem einfacher als in anderen Beeten, Schnecken von den Pflanzen fernzuhalten, zum Beispiel mit Kupferbändern.

HÜGELBEET

Das finde ich richtige klasse. Der Aufbau ist wie beim Hochbeet, allerdings ohne einen Rahmen drumherum. Den genauen Aufbau siehst du auf Seite 40.
In diesem Beet kommt es zu Verrottungsvorgängen, die zunächst Wärme erzeugen und dann einen unglaublichen, fruchtbaren Boden ergeben. Setzungsvorgänge fin-

1

1. Seit vielen Jahren nutze ich diese Rahmenbeete. Schnell und einfach sind sie auf- oder abgebaut oder mit der passenden Abdeckung in ein Frühbeet umgewandelt.

2. Das Herzstück der Rahmenbeete sind die Abdeckungen aus Plexiglas. In kürzester Zeit entsteht ein Früh- oder Winterbeet.

3. Hochbeete sind unglaublich beliebt. Meist werden sie aus Holz gebaut.

4. Mehr Aufwand und höhere Kosten beim Bau mit Steinen, wird durch dauerhafte Nutzungsmöglichkeiten wieder ausgeglichen.

2

3

4

HÜGELBEET ANLEGEN – SCHRITT FÜR SCHRITT

1. Im ersten Schritt wird ein etwa spatentiefer Graben auf der kompletten Fläche des geplanten Beetes ausgehoben. Wenn die Erde krümelig ist, kannst du diese am Rand des Grabens lagern. Sie wird später als letzte Schicht benötigt. Jetzt kommen, wie beim Hochbeet, erst größere Holzteile, Äste und Zweige hinein. Versuche diese möglichst so klein wie möglich zu schneiden, damit nicht allzu große Hohlräume entstehen und die Setzungsvorgänge gleichmäßiger ablaufen.

Kompostieren direkt vor Ort

2. In der zweiten Schicht kannst du nun alles an Garten- und Küchenabfällen verwenden und damit entsorgen, was gerade vorhanden ist. Das können aufgeschossene Salate, Mähgut, Staudenabfälle oderÄhnliches sein. Achte darauf, dass du keine Pflanzenteile verwendest, die zu einer Vermehrung von Pflanzen beitragen würden: Erlaubt sind die Blätter von Giersch oder Löwenzahn, nicht jedoch die Wurzeln oder Samen.

3. Ganz hervorragend geeignet für die dritte Schicht ist entweder Pferde- oder Hühnermist. Diesen bekommst du meist kostenlos in entsprechenden Anlagen. Der Mehraufwand, um den Mist an Ort und Stelle zu holen, lohnt sich. Dieser schafft einen äußerst fruchtbaren Boden und beschenkt dich über mehrere Jahre mit tollem Gemüse. Um den Aufbau zu optimieren, solltest du noch mit EM gießen und, wenn vorhanden, immer wieder mal eine Handvoll Pflanzenkohle aufbringen.

4. Die letzte Schicht ist jetzt deine Gartenerde, die du zuvor ausgehoben hast. Mit dieser 5 bis 10 cm dicken Lage versuchst du nun, die endgültige Form, nämlich einen Halbbogen, zu schaffen.

Tipp: Wenn du reifen Kompost hast, ist es zum Starten der Kompostiervorgänge sehr wertvoll, in jeder Hügelbeet-Schicht einige Schaufeln davon einzustreuen. In der Komposterde befinden sich zahlreiche Würmer und Milliarden von Bakterien, die sofort mit ihrer Arbeit beginnen.

Hügelbeete sind voller Nährstoffe. Auch Starkzehrer wie Zucchini gedeihen hier prächtig. Bei beliebiger Länge hat sich eine Breite von 1,20 bis 1,50 m bewährt.

den ebenfalls statt, aber sie spielen aufgrund der fehlenden Umrandung keine Rolle.
Je nach Höhe des aufgeschichteten Hügelbeetes dauert es zwei bis drei Jahre, bis es fast wieder erdgleich ist. Die Pflanzen gedeihen prächtig, denn sie sitzen ja auf einem riesigen Kompostplatz. Ich baue diese Variante meist 1,20 m breit und in beliebiger Länge.

KOMPOST-HOCHBEET

Wenn du verschiedene Beetformen kombinieren möchtest, ist vielleicht das Ko-Ho-Beet das richtige für dich. Es ist meine Kombination oder Weiterentwicklung aus einem Hochbeet, mit Elementen eines Keyhole-Beets und einem Kompostlatz. Es berücksichtig aber auch die Möglichkeit, Tieren (z. B. Insekten, Igel) Unterschlupf zu bieten. Wie es gebaut wird, erfährst du auf der nächsten Seite.

Mein KoHo-Beet: eine Kombinat on aus Hochbeet und Komposter

KOMPOST-HOCHBEET SELBST BAUEN

005

Schritt für Schritt

Mein Kompost-Hochbeet – im Video.

Alles im Lot

1. Es ist wichtig, dass du dir im Vorfeld Gedanken machst, wie dein Beet ausschauen soll und wo was eingebaut werden soll, beispielsweise ein Kompostschacht oder ein Igelunterschlupf. Im ersten Schritt wird die Fläche eingeebnet und die erste Reihe der Steine gesetzt. Dieser Mehraufwand zu Beginn ermöglicht in der Folge eine schnellere Arbeitsweise. Dieses Beet ist innen 1 m breit und 2,40 m lang. Denke schon beim Setzen der untersten Steinreihe an die Öffnungen für das Entleeren der Komposter.

2. Mit dieser Vorarbeit geht nun der Aufbau mit Steinen, die alle exakt die gleiche Höhe haben, zügig voran. Aus optischen, aber auch aus Stabilitätsgründen ist eine versetzte Fuge sehr wichtig, d. h. keine Fuge sollte genau unter oder über einer anderen Fuge sein. Mit einer Wasserwaage wird immer wieder kontrolliert, ob die Reihe plan ist. Für den Bau eignen sich natürlich auch andere Steine aus Ziegel oder Beton und ebenso verschiedene Holzvariationen.

3. Schon in der untersten Reihe sollte an verschiedene Aussparungen gedacht werden, wie hier für den Igelunterschlupf. Diese ist etwa 10 bis 15 cm breit und wird mit einem Stein der zweiten Reihe überdeckt. Im Inneren wird mit Pflastersteinen eine Umrandung geschaffen, die mit einer Steinplatte verschlossen wird. Dies ist wichtig, damit kein Wasser in die Igelkammer eindringen kann. Die Auspolsterung kann mit trocknem Laub und Stroh erfolgen.

4. Nutze beim Aufbau schon die Möglichkeiten, um an verschiedenen Stellen Insektenhotels einzubauen. Das Wichtigste ist, dass die Materialien kein Wasser aufnehmen können. Geeignet sind glasierte Ziegelsteine, Betonsteine, Strangfalzziegel oder Hartholzbalken. Mit den Insektenhotels kannst du auch gut Abstände zwischen den Steinen ausgleichen, wenn keine passenden Steine vorhanden sind.

5. Ebenfalls schon in der untersten Reihe wird Platz dafür gelassen, um das Hochbeet zu entleeren sowie für die Kompostierung. Wenn die Aussparung beispielsweise 60 cm beträgt, muss mit ca. 80 cm in der zweiten Reihe überspannt werden. Hierzu eignen sich Betonschwellen oder auch Holzbalken. Besorge dir am besten schon im Vorfeld alle Baumaterialien, die du benötigst.

6. Bei meinem Beet habe ich zwei Kompostplätze vorgesehen. Um diese nach innen abzugrenzen, habe ich zwei Metallgitter (Baumarkt), verwendet. Diese habe ich im Halbkreis gebogen und fixiert. Achte darauf, dass sie ungefähr mit der obersten Erdschicht abschließen und nicht zu dominant aus dem Beet schauen. Für die Erstbefüllung eignet sich jedes kompostierfähige Material, auch Mist.

7. Zum Befüllen des Beetes kannst du fast alles an organischem Material verwenden, das du auch auf einen Komposthaufen geben würdest. Die Aufschichtung erfolgt wie bei einem Hochbeet: Von unten nach oben grobe Holzteile, Äste, Zweige, Grünabfälle und Mist von Pferden bzw. Hühnern. Wenn vorhanden, immer wieder mal eine Schaufel von Kompost mit Würmern dazwischengeben und mit EM gießen.

8. Die oberste Erdschicht kann reifer Kompost oder fruchtbarer Boden aus anderen Gartenbereichen sein. Diese kannst du gerne 5 bis 10 cm höher auffüllen, da sich die komplette Füllung setzen wird. Jetzt fehlen noch die Abdeckungen für die offenen Stellen in der untersten Reihe. Ganz zum Schluss werden noch Steinplatten um das Beet verlegt, damit du auch bei schlechtem Wetter trockenen Fußes um das Beet laufen kanst.

Das Equipment

Um die Beete bearbeiten zu können, benötigst du einige Gartenwerkzeuge. In Gartencentern und Baumärkten gibt es eine riesige Auswahl und vielleicht fragst du dich: Brauche ich das wirklich alles?

Ich zeige dir, was nach meinen Erfahrungen nützlich und sinnvoll ist, damit dir die Gartenarbeit Freude bereitet.

SPATEN, GRABEGABEL UND SCHAUFEL

Spaten oder Grabegabel – eines der beiden Werkzeuge solltest du auf jeden Fall besitzen, damit du den Boden bearbeiten oder auch einmal umgraben kannst. Der Spaten hat eine Fläche und die Grabegabel meist fünf Zinken. Bei der Grabegabel ist die Gefahr viel geringer, Wurzeln zu durchtrennen, da diese in die Zwischenräume der Zinken rutschen. Zudem kann der entnommene Boden wunderbar zerkleinert werden. Eine Schaufel ist auf jeden Fall angesagt, um größere Mengen an Erde zu bewegen.

RECHEN UND RILLENZIEHER

Ein Rechen ist ein Must-have im Gemüsegarten. Dieser wird immer wieder benötigt, um die Beete einzuebnen oder Pflanzenteile zu entfernen. Wie der Name „Rillenzieher“ schon erkennen lässt, werden mit diesem Hilfsgerät Rillen mit dem gewünschten Abstand und der benötigten Tiefe gezogen. Es erleichtert die Aussaat und die Pflanzen sitzen später in einer Reihe.

HACKE UND PENDELHACKE

Zum Lockern des Bodens ist eine Hacke hilfreich. Diese Arbeit ist dann nötig, wenn die Erde dazu neigt, zu verschlämmen oder zu verkrusten. Nur in einem krümeligen Erdreich können sich die feinen Wurzeln ungehindert ausbreiten.
Weniger bekannt ist die Pendelhacke. Wie der Name schon sagt, pendelt hier die Hacke um einen Bolzen. Mit leicht ruckartigen Bewegungen kann man den Boden einfach und ohne Kraftaufwand lockern und gleichzeitig auch noch Beikräuter mit entfernen. Eines meiner absoluten Lieblingsgeräte.

006

Gartengeräte

In diesem Video gebe ich dir noch ein paar Infos zu den wichtigsten Werkzeugen.

RANKGERÜSTE

Einige Gemüsearten wie Erbsen oder Stangenbohnen benötigen eine Rankhilfe, um nach oben zu wachsen. Bei den Erbsen reicht eine Höhe von ca. 1,20 m aus. Dazu eignen sich Zweige von Sträuchern oder ein Draht- oder Holzgeflecht. Bei den Bohnen sollten die Rankhilfen bis zu 2 m hoch sein. Du kannst Holzstangen verwenden oder die Pflanzen an Schnüren hochleiten. Ich nutze sehr gerne ein Bohnengerüst mit einem Teleskopauszug (siehe Bild Nr. 2). Hier befindet sich unten ein Metallquadrat 80 × 80 cm mit Haken und oben das gleiche mit 40 × 40 cm. In der Mitte ist ein Auszug, womit sich das Gerüst auf die gewünschte Höhe einstellen lässt. Dann muss man nur noch die Fäden spannen – am besten mit einem verrottbaren Material, damit diese zum Saisonende mit den Bohnen auf den Kompost können. Ein ähnliches Rankgerüst lässt sich auch aus alten Fahrradfelgen bauen.

DIE HANDGERÄTE

Du benötigst auf jeden Fall eine Handschaufel für alle kleineren Grabarbeiten, einen Setzdorn zum Herstellen von Pflanzlöchern und eine Handhacke oder eine Jätschlinge zum Beseitigen von Beikräutern zwischen dem Gemüse. Damit die Pflanzreihen gerade werden, ist die Verwendung einer Pflanzschnur sehr hilfreich.

KUPFERWERKZEUGE

Auf Viktor Schaumberger geht der Einsatz von Kupferwerkzeugen zurück. Er stellte fest, dass durch den Abrieb während der Bodenbearbeitung mit Kupfergeräten Spurenelemente in den Boden gelangen und somit die Bodenfruchtbarkeit gesteigert oder erhalten bleibt. Das ist für mich nicht zu beurteilen, aber mir macht es auf jeden Fall Freude, mit Kupferwerkzeugen zu arbeiten. Was ich feststellen konnte, ist, dass diese Geräte leichter durch den Boden gleiten.

2

1. Mehr als diese Kupferwerkzeuge benötige ich nicht, um meinen Garten optimal zu bearbeiten

2. Das Bohnengestell mit Teleskopauszug ist sehr schnell auf- und auch wieder abgebaut.

Fundort Flohmarkt und Gartenfestivals

Jedes Jahr im Frühjahr öffnen Gartenflohmärkte und Gartenfestivals ihre Pforten – ein Eldorado für alle Gartenliebhaber:innen. Hier kannst du viele nützliche und schöne Dinge für deinen Garten finden.

Flohmärkte

Während es auf normalen Flohmärkten alles gibt, richten sich die Angebote bei den speziellen Gartenflohmärkten genau an diese Zielgruppe. Neben Profihändlern, die abgesehen von Neuware auch historische Tontöpfe und Artikel aus England und Frankreich präsentieren, sind meist auch Händler aus der Region dabei. Hier kannst du Gießkannen, Eimer, Körbe, Messer, Scheren und Blumentöpfe finden. Die meisten Dinge, die ich heute bei der Gartenarbeit nutze oder mit denen ich meinen Garten verschönert habe, stammen von Flohmärkten. Mir macht es auch einfach Freude, mit altem Gartenwerkzeug zu arbeiten.

Mein Gartentisch

Damit das Suchen nach Gartenutensilien ein Ende hat, habe ich mir für wenig Geld aus einem alten Tisch, Brettern und einem Fensterladen vom Flohmarkt einen Platz zum Arbeiten, Ablegen und Aufbewahren gebaut. Hier säe ich mein Gemüse aus und die Gartenwerkzeuge liegen immer griffbereit. Ein solcher Arbeitsplatz sollte an einer regengeschützten Stelle in deinem Garten stehen.

Gartenfestivals

Ein anderer Treffpunkt für Gartenliebhaber:innen sind Festivals, die oft auf Schlossgeländen oder Klosteranlagen stattfinden. Hier liegen die Schwerpunkte mehr auf Pflanzen und Raritäten. Es gibt Stauden in einer Topqualität und Kräuter in allen Variationen. Du kannst dir meistens Gewächs- und Gartenhäuser, Kleidung, Gartendekoartikel anschauen. Als zusätzliches Angebot finden oft Fachvorträge rund um das Thema Garten statt. Als Letztes bleiben noch die Landes- und Bundesgartenschauen zu nennen – sie bieten immer auch viele Informationen zu Nutzgärten.

Aussaat und Pflanzung

Damit Aussaat und Pflanzung gelingen, gibt es einige Punkte zu beachten, zum Beispiel ob ein Samen Dunkelheit oder Licht zum Keimen braucht. Auch Pflanz- und Reihenabstände spielen eine wichtige Rolle.

1

Zuerst werfen wir einen Blick auf das Saatgut und die Unterschiede zwischen samenfesten Sorten und F1-Hybriden.

SAATGUT

Saatgut wird in einer unglaublichen Auswahl angeboten. Du solltest wissen, für welchen Anbauzeitraum du entsprechende Samen suchst bzw. auf den Etiketten die Anbauhinweise nachlesen. Es gibt Saatgut aus dem herkömmlichen Gemüsebau oder Bio-Saatgut (siehe S. 53).

F1-Hybridsorten und samenfeste Sorten

Diese beiden Begriffe findest du in aller Regel auf den Samentüten. Bei F1-Sorten handelt es sich um Hybridzüchtungen und immer um die Kreuzung zweier Sorten. Das bewirkt einen höheren Ertrag und gleichmäßige Früchte in der ersten Generation der Zuchtlinie. Nimmt man allerdings von diesen Pflanzen Samen für das nächste Jahr, werden deren Früchte nicht mehr dieselben Eigenschaften aufweisen, sondern sehr unterschiedlich sein. Das bedeutet, dass wir jedes Jahr gezwungen sind, das original F1-Saatgut zu verwenden.
Bei samenfestem Saatgut hingegen stehen die Samen auch in den nächsten Generationen ohne eine Veränderung der Früchteeigenschaften zur Verfügung.

Sonderfall Kürbisgewächse

Wenn du in deinem Garten verschiedene Gurken-, Kürbis- und Zucchini-Sorten – oder auch Zierformen – anbaust, kann es leicht zu ungewollten Kreuzungen kommen, wenn Insekten bei der Befruchtung von Blüte zu Blüte fliegen. Bei diesen Kreuzungen kann es zur Ausbildung von Bitterstoffen (Cucurbitacine) kommen, die Übelkeit, Durchfall und Erbrechen auslösen können.

Werden diese in hoher Konzentration verstoffwechselt, kann dies sogar zum Tod führen. Bei diesen Gemüsearten solltest du daher lieber neue Samen kaufen, statt auf eigenes Saatgut zurückzugreifen. Und: Bitter schmeckende Früchte nicht verzehren!

1. Ab Ende Februar bis Ende Mai ist die Hauptzeit für Aussaaten. Nach erfolgter Aussaat in den Anzuchtschalen wird die Erde fest angedrückt und gewässert.

2. Sobald die Sämling die ersten Blätter nach den beiden Keimblättern, gebildet haben, werden sie vereinzelt (pikiert) und haben mehr Platz für ihre Entwicklung.

2

1

2

3

Aussaaten für den Winteranbau

Während es im Frühjahr kein Problem darstellt, Jungpflanzen zukaufen, ist das im Herbst für den Winteranbau (siehe S. 100) schwieriger. Wintergemüse und Salate müssen entweder per Direktsaat gesät oder selbst angezogen werden.

VORANZUCHT – IST DAS SINNVOLL?

Zunächst ist das Allerwichtigste, dass du Freude an der Voranzucht hast und geeignete Plätze in Haus und Garten zur Verfügung stehen, um der Saat und den Sämlingen optimale Verhältnisse, d. h. ausreichend Licht und Wärme zu geben. Wie beim Versorgungsdreieck ist es sinnvoll, sich eine Liste mit den Gemüsesorten zu erstellen, die im Jahr angebaut werden sollen. Ein weiterer wichtiger Punkt ist, zu checken, ob es in deiner Nähe Gärtnereien oder Märkte gibt, die Jungpflanzen anbieten. Hier hast du, wenn du nicht alles selbst aussäen möchtest, tolle Möglichkeiten zum Einkaufen von Pflanzen.

Was benötigst du an Equipment?

Für die Voranzucht eignen sich alle möglichen Töpfe, Schalen, Becher. Letztlich geht es hier nur darum, dass die Samen in dem Gefäß keimen und bis zur pikierfähigen Größe wachsen können. Sind die Sämlinge groß genug, werden sie vereinzelt und allein gesetzt. Dazu eignen sich einzelne Töpfchen oder spezielle Pflanzschalen, die meist mit einer entsprechenden Wasserversorgung und einer Abdeckung (für höhere Luftfeuchtigkeit) ausgestattet sind. Somit sind die kleinen Sämlinge optimal mit Wasser versorgt. Damit du den Überblick bewahrst: Etiketten zum Beschriften nicht vergessen!

4

LICHTKEIMER	DUNKELKEIMER
Basilikum	Aubergine
Dill	Feldsalat
Kresse	Gurke
Koriander	Kürbis
	Zucchini

Verwende für die Voranzucht spezielle Aussaaterde. Diese kannst du in jedem Gartencenter oder Baumarkt kaufen oder natürlich auch eine Eigenkreation aus Gartenerde, Kompost und Sand mischen. Wichtig ist hierbei, dass die Erde locker und krümelig ist und nicht zu viele Nährstoffe aufweist. Das würde nämlich dazu führen, dass die Sämlinge voller Energie viel zu schnell, und damit leider sehr instabil, in die Höhe wachsen.

Wann säst du was aus?

Diese Information steht auf jeder Samentüte und sollte beachtet werden. Es macht keinen Sinn, wenn du Tomaten schon im Januar aussäst und sie dann im März so groß sind, dass sie ins Freie könnten. Beachte deshalb den angegeben Aussaatzeitpunkt und wann du die Pflanzen tatsächlich ins Frühbeet oder nach draußen auspflanzen kannst.

Saattiefe

Sehr wichtig finde ich die Beachtung der Saattiefe, die durch die Begriffe Licht- und Dunkelkeimer ausgedrückt wird. Auf jeder Samentüte wird die Saattiefe angegeben. Ein guter Hinweis, zu welcher Keimart die Gemüse oder Kräuter gehören, ist die Größe der Samen. Je kleiner diese sind, desto weniger Erde sollte auf ihnen liegen.
Die Lichtkeimer werden auf die feuchte Erde gesät und nur leicht angedrückt. Maximal sollte samendick Aussaaterde auf die Samen kommen.

Bei der Anzucht von Dunkelkeimern wird zunächst die Erde angefeuchtet, dann gesät und feine Erde auf die Samen gegeben. Die Samen sollten mindestens mit der doppelten Dicke des Samenkorns mit Erde bedeckt werden.

Die richtigen Temperaturen

Pflanzen haben optimale Temperaturen, bei denen sie keimen. Diese liegen bei den meisten Gemüsearten bei 20 bis 25 °C. Nach der Keimung geht es nicht darum, dass die Keimlinge zügig nach oben und dem Licht entgegenwachsen, sondern eher langsam und dafür mit einem sicheren Stand. Schießen Sämlinge zu schnell in die Höhe, spricht man von „Vergeilen“ und das bedeutet nichts anderes, als dass sie meist dauerhaft auf sehr wackeligen und dünnen Füßen stehen, oder noch schlimmer, einfach umknicken. Nach dem Keimen werden die Pflanzen daher zwar hell, aber kühler, bei 15 bis 18 °C, aufgestellt. Dann wachsen sie zwar langsam, dafür aber mit einem stabilen Stand.

Pikieren: Pflanzen vereinzeln

Sowohl bei der Voranzucht als auch bei der Direktsaat im Beet kommt es fast immer dazu, dass zu viele Samen aus der Tüte rutschen. Das bedeutet, dass die Samen zu eng nebeneinander keimen. Solange diese noch klein sind, spielt das keine Rolle. Mit zunehmendem Wachstum jedoch werden die Pflanzen, Knollen oder Rüben sich beim

1. Hier wurde zu viele Samen ausgebracht und die kleinen Sämlinge müssen vereinzelt werden.

2. Bei mir direkt vor der Haustür findet jedes Jahr ein Markt des SOS Kinderdorfs Hohenroth statt. Hier gibt es viele Jungpflanzen, die mein Gärtnerherz höherschlagen lassen.

3. Diese Tomaten wurden optimal angezogen, was man an ihrem festen Stiel und dem noch kleinen Wuchs erkennen kann.

4. Größe Pflanzen wie Gurken, Zucchini oder Kürbisse säst du am besten gleich in Anzuchtschalen mit größeren Einteilungen.

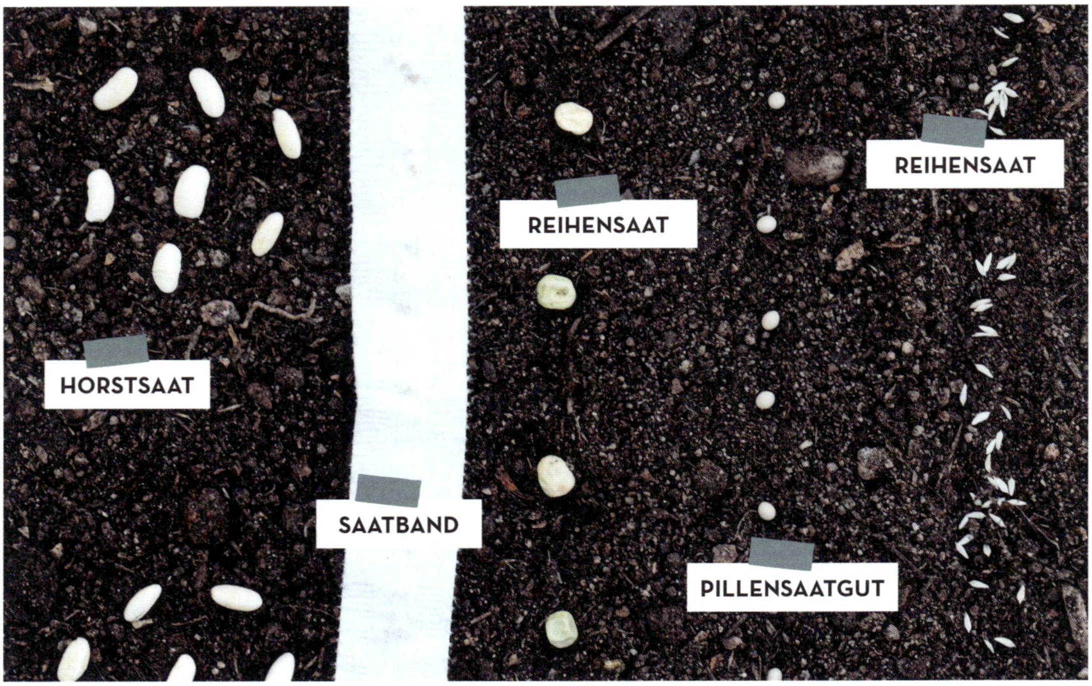

Equipment für Aussaat und Pflanzung

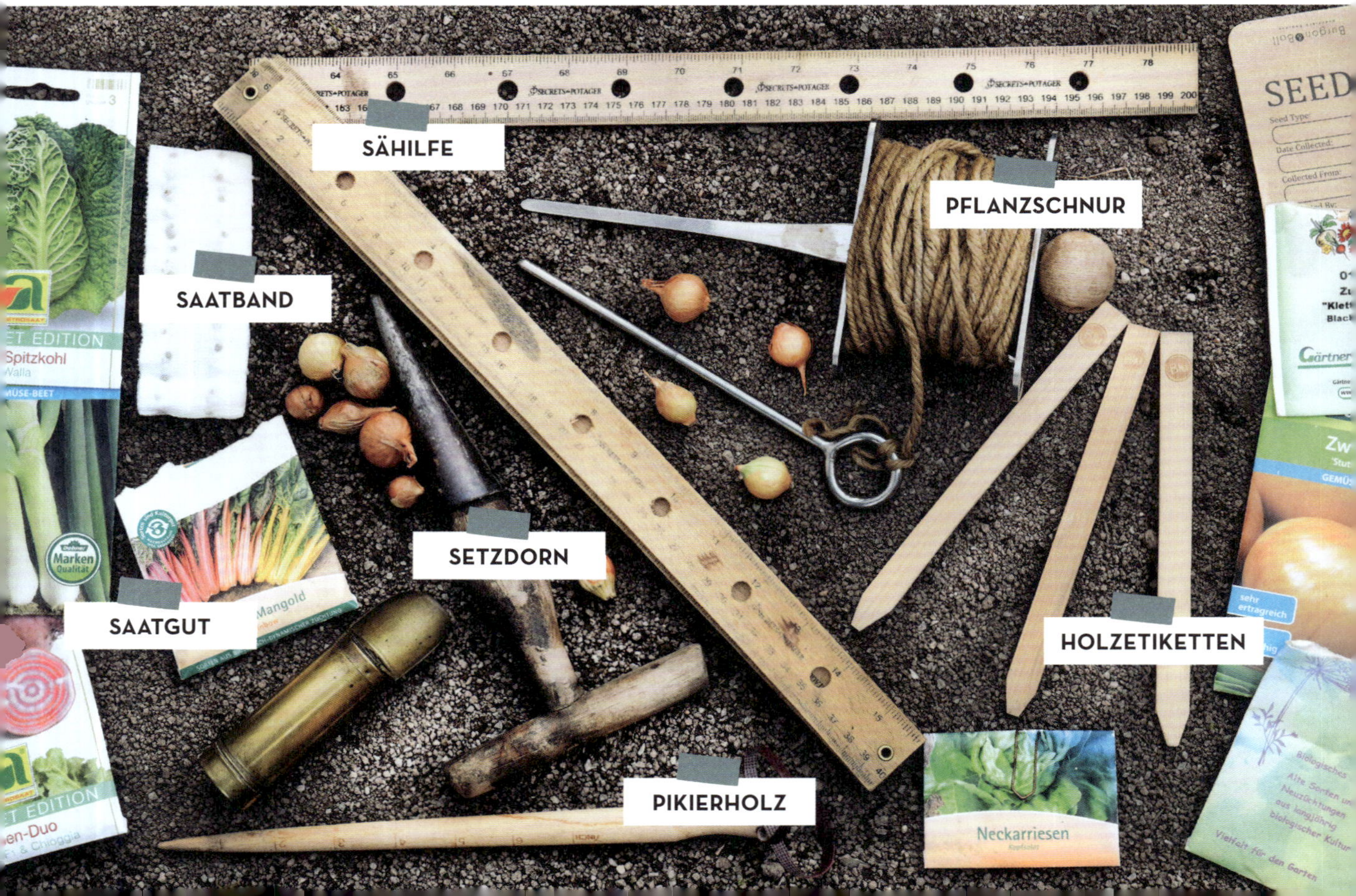

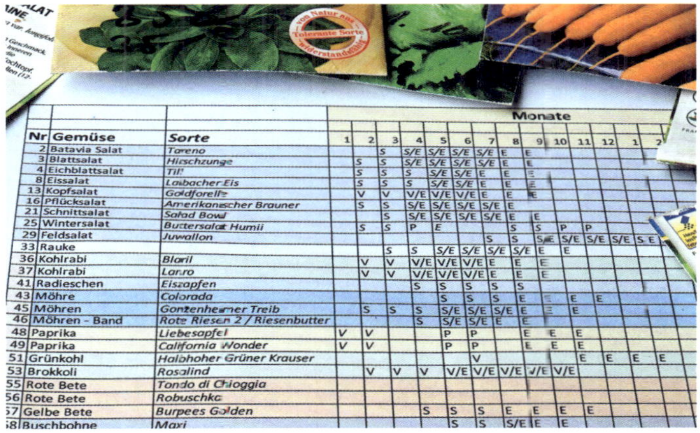

Meine Saatliste: Ich aktualisiere sie immer in der Winterzeit. Mit einen Blick kann ich so erkennen, welche Samen ich noch habe und sehe die Monate, in denen die Voranzucht oder Direktsaat erfolgen sollte.

Wachstum stören. Deshalb ist es nötig, zu dicht stehende Keimlinge zu entnehmen, diese an anderer Stelle einzupflanzen oder letztendlich schweren Herzens auf den Kompost zu geben. Für diesen Arbeitsvorgang benötigst du einen kleinen Pikierstab oder Ähnliches, um die zarten Sämlinge vorsichtig aus dem Boden zu nehmen.

Meine Saatliste

Ich arbeite gern mit einer Liste, um alle Gemüsearten und -sorten zu erfassen, die ich anbauen möchte bzw. von denen Samen vorhanden sind oder besorgt werden müssen. Somit sehe ich immer auf einen Blick, wann was zu tun ist.

DIREKTSAAT

Im Gewächshaus, Frühbeet oder unter Folie können die ersten kälteresistenten Pflänzchen schon ab März direkt ausgesät oder gepflanzt werden. Die empfindlicheren Gemüsearten müssen noch bis Mitte Mai warten.

Hilfsmittel und Werkzeuge

Du kannst natürlich die Samen einfach direkt ins Beet säen. Es gibt allerdings große und kleine Helfer, welche dir die Arbeit erleichtern. Mit dem Rillenzieher lassen sich bequem, Rillen ziehen – mit den eingestellten Abständen zur Nachbarreihe. Damit die Pflanzen nicht wellenförmig auf den Beeten stehen, solltest du die Reihen entlang einer Schnur anlegen. Zum Säen gibt es kleine Sähelfer, mit denen die Samen dosiert auf die Erde gestreut werden. Zu viel Saatgut an einer Stelle ist die größte Gefahr, wenn du aus deinem Samentütchen direkt säst. Für größere Samen gibt es Lineale mit Löchern in verschiedenen Abständen. Die nutze ich gerne bei der Aussaat von Erbsen.

Saatformen

Saatgut gibt es in Form von Samenkörnern, als Pillensaat und als Saatbänder. Bei der Pillensaat ist der Samen in einer Hülle schon mit Nährstoffen ummantelt. Dadurch wer-

007

Vom Samenkorn zur Pflanze

In diesem Video geht es um die Anzucht von Gemüse und Kräutern.

Die wichtigste Aufgabe bei der Jungpflanzenaufzucht ist das Vereinzeln der zu dicht wachsenden Sämlinge.

PFLANZUNG
Jungpflanzen in Erdpressballen lassen sich leicht und einfach in der Pflanzreihe platzieren.

KEIMENDE MÖHRENSAMEN
Möhrensamen keimen in einem Sandgemisch zuverlässiger und können dann gleichmäßiger ausgebracht werden.

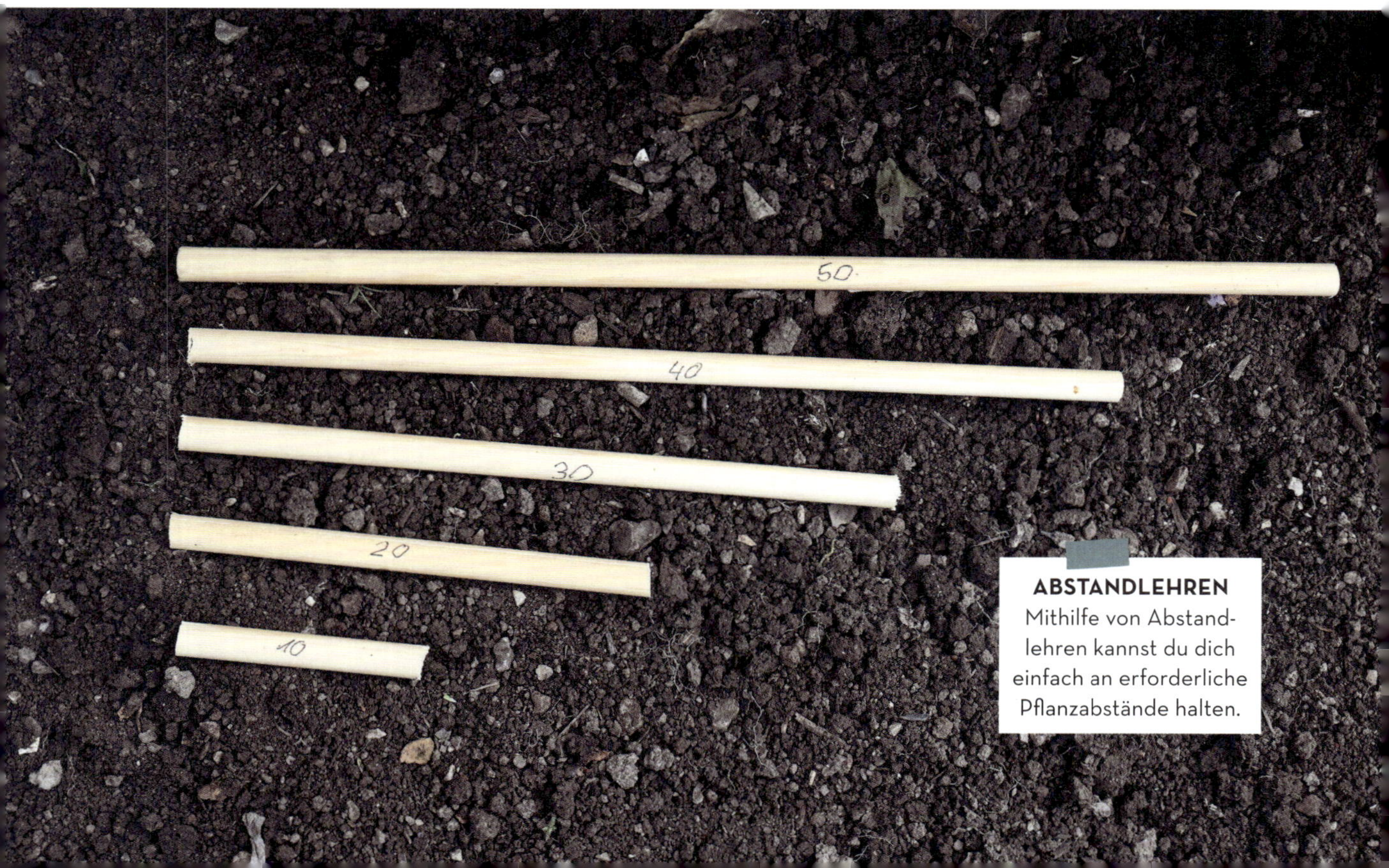

ABSTANDLEHREN
Mithilfe von Abstandlehren kannst du dich einfach an erforderliche Pflanzabstände halten.

den die einzelnen Samenkörner größer und du kannst diese gezielt säen. Saatbänder haben den Vorteil, dass die Samen gleich im richtigen Abstand ins Beet kommen oder auch zwei verschiedene Gemüsearten, zum Beispiel Karotten und Radieschen, in einer Reihe ausgesät werden. Das ist praktisch, da Radieschen viel schneller keimen als Karotten. Die Radieschen markieren die Reihe und bevor die Karotten mehr Platz benötigen, sind die Radieschen schon geerntet. Buschbohnen werden in einer sogenannten Hostsaat mit fünf bis sieben Körnern, die kreisförmig angeordnet sind, gesät.

Den Samen auf die Sprünge helfen

Manche Gemüse, beispielsweise Karotten, Pastinaken und Wurzelpetersilie, keimen sehr langsam oder auch sehr unzuverlässig. Der Keimvorgang lässt sich beschleunigen oder einleiten, wenn die Samen vorher mit Sand gemischt und befeuchtet werden. Dazu gebe ich die Mischung in eine kleine Schale und decke sie mit einer Folie ab. An einem warmen Fensterplatz kannst du nach einigen Tagen die ersten Keimlinge erkennen und das Gemisch an Ort und Stelle aussäen. Wenn du Zeit hast, macht es Sinn, die Samen einzeln und schon mit genügend Abstand in den Boden zu geben.

In zeitlichen Abständen säen

Bei einigen Gemüsearten, zum Beispiel Salaten und Radieschen, ist es empfehlenswert, in Abständen auszusäen, denn es macht ja keinen Sinn, wenn in einer Woche 20 Kopfsalate gleichzeitig reif werden würden. Das bedeutet für dich, solche Arten in Abständen von zwei bis vier Wochen auszusäen und entprechend auch in Abständen zu pflanzen. Dieses System hat sich bei mir als äußerst praktikabel erwiesen, auch wenn es einige Zeit benötigt hat, um ein Gefühl für die richtigen Abstände zu erlangen.

Angießen

Nach der Aussaat solltest du die Samen bzw die Erde gut andrücken und vorsichtig angießen. Nutze dazu am besten einen Zerstäuber und nicht die Gießkanne, damit das Saatgut nicht weggeschwemmt wird.

JUNGPFLANZEN SETZEN

Beim Setzen der Jungpflanzen gibt es zum einen die Pflanztiefe und zum anderen die Abstände zu den Nachbarpflanzen in der Reihe und zwischen den Reihen zu beachten.
Gemüsearten, die oberirdische Knollen ausbilden wie Kohlrabi, Knollenfenchel oder Rote Bete, sollten immer ein Drittel aus der Erde schauen. Das ist auch bei Salaten sinnvoll, die bei der Ernte komplett abgeschnitten werden. Der Abstand zum Erdreich lässt bei Feuchtigkeit die unteren Blätter schneller abtrocknen und beugt somit Fäulnis vor.
Wenn man die kleinen Pflänzchen in der Hand hat, ist man geneigt, diese zu eng zu setzen. Ich habe mir daher Leeren aus Holz in 10, 20, 30, 40 und 50 cm Abständen gefertigt. Diese nutze ich dann konsequent bei der entsprechenden Gemüseart.
Besonders wichtig ist die zu erwartende Größe bei der Pflanzung von mehrjährigen Kräutern, Beerenobst oder Obstbäumen. Das betrifft das Breiten-, aber auch gleichermaßen das Höhenwachstum.

Jungpflanzen abhärten

Bevor du die drinnen vorgezogenen Pflänzchen ins Freie pflanzt, solltest du sie langsam an kühlere und wechselnde Außentemperaturen gewöhnen. Hierzu werden sie zunächst stundenweise ins Freie und abends wieder ins Haus gestellt.

Auf einen Blick

Alle Gemüse und ihre Pflanztiefe sowie Abstände findest du in der Tabelle auf S. 98/99.

Bodenpflege im Selbstversorgergarten

Die entscheidenden Faktoren für eine jahrelange Ernte von gesundem, vitaminreichem Gemüse sind Bodenfruchtbarkeit und Bodenbeschaffenheit. Mach dir keine Sorgen, wenn der Boden in deinem Garten noch nicht optimal ist – das wird sich ändern, sobald du mit Kompost, Mulch oder auch Effektiven Mikroorganismen arbeitest.

Wie du deinen Boden bearbeitest, spielt ebenfalls eine große Rolle für gesunde Pflanzen.

LOCKERER BODEN DANK HACKEN

Eine der wichtigsten Arbeiten im Garten ist, den Boden immer wieder zu lockern. Allzu schnell verkrustet das Erdreich und verhindert so einerseits, dass vor allem leichtere Niederschläge in den Boden eindringen können und bewirkt anderseits, dass bei Starkregen Wasser oberflächlich abfließt.

Die besten Geräte zum Hacken

Welche Gartengeräte am besten geeignet sind, hängt vom Bewuchs des Beetes ab, denn wir wollen die Wurzeln nicht schädigen. Bei genügend Platz eignet sich eine Hacke mit langem Stiel oder die Pendelhacke (siehe S. 44). Damit gehe ich in kleinen, ruckartigen Bewegungen durch die Pflanzreihen, lockere den Boden und schneide gleichzeitig Beikräuter wie Vogelmiere oder Franzosenkraut ab. Sobald sich der Bewuchs verdichtet hat, kommen Handhacke oder Jätschlinge zum Einsatz.
Diese Arbeiten sind immer dann möglich, wenn der Boden frei und nicht gemulcht ist. Auf diese Weise kann man ebenfalls die Gartenwege oder sonstige Flächen von Beikräutern befreien, und zwar bestenfalls bevor sich die unerwünschen Pflanzen durch Samen verbreitet haben.

Mulchen schützt den Boden

Neben dem Kompostieren der Küchen- und Gartenabfälle (siehe S. 68) ist das Mulchen für mich die wichtigste Arbeit, um einen humusreichen und somit fruchtbaren Boden zu schaffen und zu erhalten. Die Natur macht es uns in den Laubwäldern vor: Der Waldboden ist immer mit organischem Material bedeckt. Er beherbergt Milliarden von Kleinstlebenwesen und ist auch im Sommer noch feucht. Unser Ziel ist, dass der Boden unserer Beete möglichst immer bedeckt ist.

Mulchen bewirkt, dass ...

– die Sonnenstrahlen nicht direkt den Boden erreichen
– die Erde auch im Sommer länger feucht bleibt
– die Erde mit Milliarden von Kleinstlebewesen belebt ist
– durch die Verrottung des Mulchmaterials Wärme entsteht
– das organische Material dem Naturkreislauf wieder zurückgegeben wird

Genau diese Vorteile hast du auch in deinem Garten, und vor allem haben die Regenwürmer immer etwas zum Futtern und keinen Grund, die Beete zu verlassen. Erst Kompost aufzubringen und einzuarbeiten, anschließend zu mulchen ist also der Königsweg für erfolg- und ertragreiches Gärtnern.

1

2

3

1. Beikräuter ab und an zu entfernen, das bleibt keinem Gärtner erspart.

2. Vogelmiere ist eines der essbaren Wildkräuter, die von ganz alleine Einzug in deinen Garten halten. Nach dem Jäten kannst du sie gleich in den Salat geben.

3. Giersch kommt oft in Massen vor. Er ist sehr gesund, was seiner Beliebtheit allerdings wenig nutzt.

Meine Grundregeln zum Mulchen

1. Verwende zum Mulchen nur Rasenschnitt, klein geschnittene Gartenabfälle und Pflanzenteile von unerwünschten Beikräutern, die nicht zur Verbreitung beitragen. So sind die Blätter und Blütenstängel des Löwenzahns (Foto) kein Problem, nicht jedoch die Blüten oder gar die Samen.

008

Bodenpflege mit Mulch

Noch mehr Infos zum Mulchen kannst du dir in diesem Video anschauen.

2. Ich gebe die Mulchschicht ca. 2 bis 4 cm dick auf die Beete. An einem sonnigen und vielleicht windigen Tag wird der Bioabfall schnell austrocknen und bis zum Abend auf die Hälfte zusammensacken. Je kleiner deine Pflanzenteile sind, umso größer ist die Angriffsfläche für Mikroorganismen. Nach einigen Wochen sollte die Mulchschicht verrottet sein und das bedeutet, dass auf deinen Beeten Millimeter für Millimeter Humus aufgebaut wird. Dann lockerst du die Erde und gibst wieder neues Material darauf.

3. Ich sammle unsere Gartenabfälle in Körben und zerkleinere sie bei Bedarf mit einem Rasenmäher, bevor ich damit mulche.

4. Immer nach dem Mulchen gieße ich das Beet mit Effektiven Mikroorganismen (siehe S. 76). Die Organismen können wertvolle Unterstützung bei der Umwandlung von Mulch zu Humus leisten.

5. Grobes Häckselgut von Bäumen und Sträuchern oder Blätter von Bäumen nutze ich nicht für die Gemüsebeete, sondern zum Mulchen des Bodens rund um Beerensträucher oder Obstbäume.

6. Du hast zu wenig Mulchmaterial? Wenn du Platz hast, solltest du dir Beinwell in den Garten setzen. Die Pflanzen bilden mindestens dreimal im Jahr eine große Menge an Blättern. Außerdem ist Beinwell eine äußerst beliebte Bienenpflanze und aus den Wurzeln lässt sich noch eine heilsame Salbe herstellen. Perfekt geeignet sind auch Brennnesseln, ohne die Samen, oder Gartenabfälle von den Nachbarn. Diese bekommst du allerdings nur so lange, bis sie selbst mit dem Mulchen beginnen.

Richtig gießen

Neben einem fruchtbaren Boden benötigen deine Pflanzen vor allem Wasser. In den letzten Jahrzehnten haben wir uns über den Wasserverbrauch keine großen Gedanken machen müssen. Wasser stand in ausreichender Menge und günstig zur Verfügung. Das wird sich in Zukunft ändern.

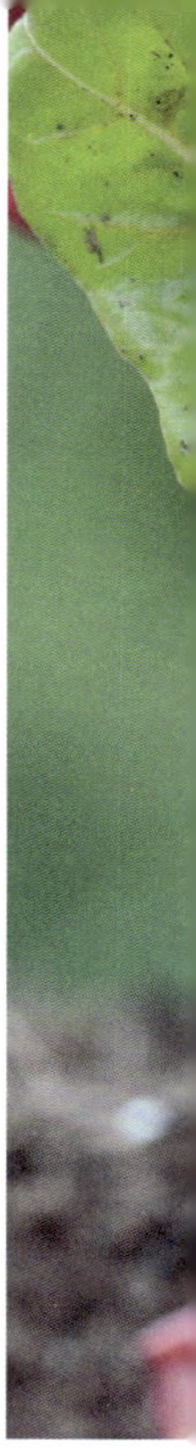

1

Nutze jede Chance, um Regenwasser zu sammeln und zu speichern. Je mehr, desto besser.

MEINE GIESS-TIPPS

Als Faustregel für die Gießmenge gilt: Je größer die Blattfläche, umso mehr Wasser benötigen die Pflanzen.

Früh am Morgen

Viele Pflanzen erleiden Verbrennungsschäden, wenn sie in der Mittagssonne gegossen werden. Deshalb sind die Morgenstunden die allerbeste Zeit zum Gießen. Die Pflanzen sind während des Tages mit Wasser versorgt und die Blätter können bis zum Abend abtrocknen. Das reduziert die Gefahr von Pilzkrankheiten.

Selten und durchdringend

Gieße lieber nicht so oft, dann aber ausreichend. Gießt du zu wenig intensiv, dringt das Wasser nur wenige Zentimeter in den Boden. Das hat zur Folge, dass viele Pflanzen nur kurze Seitenwurzeln ausbilden. Dringt das Wasser – nicht jeden Tag – bis in tiefere Schichten, bilden sie längere Wurzeln aus, um das Wasser zu erreichen. Das hilft ihnen in trockenen Phasen.

Gezielt statt flächig

Wenn Wasser zu einem kostbaren Gut wird, ist es umso wichtiger, nicht breitflächig, sondern die einzelnen Pflanzen gezielt zu gießen. Das geht wunderbar mit der altbewährten Gießkanne. Besonders bei Tomaten und Kohlrabi solltest du nur im Wurzelbereich gießen. Werden die Blätter oft nass, stellt sich schnell die Braunfäule ein und außerdem platzen die Früchte gern auf.

WASSER SPAREN UND SPEICHERN

Neben unterirdischen Tanks, die mehrere Tausend Liter fassen können und gleich bei der Planung mit berücksichtigt werden sollten, sind Regentonnen in verschiedenen Größen und Bauformen sehr beliebt. Hierzu gibt es automatische Füllsysteme, die einfach in das Fallrohr deiner Dachentwässerung eingebaut werden.

So geht's! Kräftig gießen, eine kurze Pause machen, damit das Wasser versickern kann, und dann erneut gießen.

2

3

1 Wässere den Wurzelbereich der Pflanzen lieber seltener, dafür intensiv und gezielt, als das ganze Beet oberflächlich.

2. Du kannst Pflanztöpfe als Gießhilfen nutzen. So wird beim Wässern keine Erde weggeschwemmt.

3. Auch ein alter Gartenschlauch lässt sich zweckentfremden. Hierzu habe ich mit einem spitzen Gegenstand Löcher in den Schlauch gestoßen, diesen zwischen dem Gemüse auf den Boden gelegt und an die Wasserversorgung, bei mir ist das ein unterirdischer Tank, angeschlossen.

1

1. Ich bin von der Bewässerung mit gekauften (links) oder selbst gebauten (rechts) Ollas begeistert,vor allem bei Pflanzen mit einem erhöhten Wasserbedarf.

2. Pflanzgefäße, Töpfe und Schalen kannst du mithilfe von kleinen Tonkegeln, in die du mit Wasser gefüllte Flaschen steckst, über Tage versorgen.

2

BEWÄSSERUNGSHELFER

Intelligente Bewässerungssysteme mit Zeitschaltuhr helfen dir bei der Versorgung deiner Pflanzen mit Wasser.

Ollas – für gleichmäßige Bodenfeuchtigkeit

Seit einigen Jahren nutze ich diese großartige Möglichkeit für Pflanzen, die viel Wasser benötigen, wie Tomaten, Gurken oder Zucchini. Ollas sind Tongefäße, die unten geschlossen sind und in die Erde direkt neben den Pflanzen eingegraben werden. Der Ton saugt sich voll Wasser und gibt dieses kontinuierlich an den Boden ab. Somit wachsen die Pflanzen in einem immer gleichbleibenden, feuchten Milieu.
Fertige Ollas kosten, je nach Größe (optimal sind 1 bis 3 Liter), zwischen 20 und 30 €. Auch bei den 3-Liter-Ollas sind die Einfüllöffnungen nicht sehr groß und stören nicht im Beet. Sie nehmen mehr Wasser auf und haben eine größere Fläche zur Wasserabgabe. Deshalb bevorzuge ich die größere Variante. Für den Selbstbau sind Tontöpfe, Tonröhren oder Ähnliches geeignet. Wichtig ist, dass das Wasser nicht nach unten entweichen kann, sondern ausschließlich durch den Ton an das Erdreich abgegeben wird. Meistens fülle ich die 3-Liter-Tonröhren nur ein- bis zweimal in der Woche mit Wasser auf.

009

Gießen leicht gemacht

In diesem Video gebe ich dir Gießtipps und weitere Infos zu Ollas.

SELBST GEBAUTE OLLAS FÜRS TOMATENBEET

Ollas sparen Wasser und Zeit

1. Fertige Ollas kosten, je nach Größe, zwischen 20 und 30 €. Will man mehrere Beete bestücken, geht das ganz schön ins Geld. Deshalb habe ich mich nach Alternativen umschaut, auch wenn diese nicht so toll wie die getöpferten Ollas ausschauen. Ich fand diese Drainage-Tonröhren auf einer Bauschuttdeponie. Du kannst sie auch im Internet kaufen. Sie sind 32 cm hoch und haben ein Fassungsvermögen von 2 Litern.

2. Natürlich muss eine Seite verschlossen werden, damit das Wasser nicht nach unten entweichen kann, sondern ausschließlich durch den Ton an den Boden abgegeben wird. Eine Möglichkeit ist, entsprechend große Tonuntersetzer mit Silikon festzukleben. Alternativ gibt es im Baumarkt wasserdichten Fertigmörtel zu kaufen. Die Tonröhren werden auf einen Karton gestellt, die Mörtelmasse wird etwa 3 bis 4 cm hoch hineingegeben und mit einem Stück Holz festgestampft.

3. Bevor du die Pflanzen setzt, kommen die Ollas so tief in den Boden, dass nur noch die oberen 2 bis 5 cm zu sehen sind. Bei einem lockeren Boden sollte es auch kein Problem sein, sie im Herbst wieder zu entnehmen, um sie trocken und frostfrei zu lagern. Die Ollas geben das Wasser sehr gleichmäßig an das angrenzende Erdreich ab. Den Pflanzen steht nun über die Kulturzeit immer gleichmäßig Wasser zur Verfügung.

4. Die Öffnung zur Befüllung der Ollas sollte immer verschlossen werden, damit keine Erde und vor allem auch keine Tiere hineinfallen. Auch wenn die Ollas nur noch mit wenig Wasser gefüllt sind, saugt sich der gesamte Ton mit Wasser voll, sodass ich nur ein- bis zweimal in der Woche Wasser nachfüllen muss. Bestens bewährt hat sich diese tolle wasser- und zeitsparende Bewässerungsmethode bei Tomaten, Gurken und Zucchini.

Kompost und Terra Preta

Die Herstellung von Kompost zählt mit zu den wichtigsten Säulen eines Biogartens. Du kannst deine Küchen- und Gartenabfälle hier entsorgen und das Endprodukt, die kompostierte Erde, kommt als wertvoller Dünger zurück auf die Beete. Somit entsteht ein geschlossener Kreislauf auf kleinstem Raum.

KOMPOSTER IN ALLEN VARIATIONEN

Kompostieren funktioniert in verschiedenen Behältnissen. Diese kannst du entweder selbst bauen, zum Beispiel aus alten Paletten, oder im Fachhandel Komposter aus Metall, Holz oder Kunststoff kaufen. Besonders zügig gehen Verrottungsvorgänge in sogenannten Schnellkompostern. Eine Sonderform ist der Flächenkompost, bei dem ohne einen umschließenden Rahmen auf dem Boden gearbeitet wird.
Der Platz zum Kompostieren sollte schattig und so groß sein, dass du mit einer Schubkarre hinfahren und mit einer Schaufel arbeiten kannst. Wichtig ist, dass der Komposter von unten entleert werden kann.

KOMPOST BEFÜLLEN

Nachdem das Behältnis aufgestellt wurde, beginnt das Befüllen mit möglichst unterschiedlichen Abfällen. Je kleiner die zu kompostierenden Pflanzenteile sind, desto größer sind die „Angriffsflächen" für Mikroorganis-

WAS DARF AUF DEN KOMPOST?

JA

- Küchenabfälle, inkl. Eierschalen, Tee- und Kaffeesatz
- Grünabfälle aus dem Nutz- und Ziergarten
- Häckselgut von Bäumen und Sträuchern
- Rasenschnitt (angetrocknet, nicht zu hoch aufgeschichtet)

NEIN

- Alle Teile einer unerwünschten Pflanze, die zu deren Verbreitung beitragen, d. h. Wurzeln und Samen
- Essensreste, da sie Ratten anlocken oder schimmeln könnten
- Obstschalen, die vielleicht Schadstoffe enthalten (z. B. Zitrusfrüchte)
- Kranke Pflanzenteile
- Neophyten (Pflanzen, die in unsere Region eingewandert sind und heimische Pflanzen verdrängen)
- Asche aus dem Kachelofen oder vom Grillen
- Bedrucktes Papier oder Kunststoff

1

1. Für einen Flächenkompost (z. B. für Mist geeignet) benötigt man eine wesentlich größere Grundfläche als für andere Komposter.

2. Ideales Kompostiergut sind rohe Küchenabfälle und Kaffeesatz.

3. Würmer erledigen die Umwandlung zu wertvollem Humus.

4. Nach etwa vier Monaten war die Füllung dieses Schnellkomposters in „Schwarzes Gold“ verwandelt worden.

2

3

4

Der fertige Kompost wird schaufelweise auf die Beete gebracht und mit einer Grabegabel oder einem Rechen in den Boden eingearbeitet.

010

So kompostiere ich

Hier findest du ein Video über die Grundlagen der Kompostierung.

men. Der Kompostiervorgang kann am einfachsten mit ein bis zwei Schaufeln aus einem bereits in Rotte befindlichen Komposter gestartet werden. Hier sind alle Kleinstlebewesen und Würmer enthalten, die im neuen Umfeld sofort mit ihrer Arbeit beginnen. Ansonsten gibt es im Internet entsprechende Würmer zukaufen (siehe S. 182).

KOMPOST AUSBRINGEN

Die in Kompost umgewandelte Erde ist für mich zum Ausbringen geeignet, wenn ich sehe, dass die Würmer abgewandert sind.
In meinen Thermokompostern ist das meist schon nach sechs Monaten der Fall, in klassischen Komposthaufen musst du eher mit neun bis zwölf Monaten rechnen.
Ich gebe zwei bis vier Schaufeln des reifen Kompostes pro Quadratmeter auf meine Beete: hauptsächlich im Frühjahr oder Herbst oder wenn nötig auch während der Anbauphase eine angepasste Menge um die Starkzehrer. Du solltest den Kompost immer leicht in die oberen Bodenschichten einarbeiten.
Für kleine Gärten, Balkon oder Terrasse hast du die Möglichkeit, Bioabfälle in Wurmkompostern in wertvollen Humus umwandeln zu lassen. Auch das funktioniert ganz hervorragend.

TERRA PRETA: VOM KOMPOST ZUM „SCHWARZEN GOLD“

Mit nur wenigen Arbeitsschritten mehr erschaffst du aus der Komposterde Terra-Preta-ähnliche, schwarze und äußerst fruchtbare Erde. Terra Petra, so der portugiesische Name der unglaublich fruchtbarten Erde aus dem Amazonasgebiet, galt lange Zeit als Geheimtipp in der Gartenszene. Das hat sich inzwischen geändert und man kann das fertige Produkt bzw. die Hilfsstoffe zur Herstel-

lung im eigenen Garten in Gartenmärkten oder im Internet kaufen. Die Rezeptur ist denkbar einfach und besteht aus den grünen Abfällen und zusätzlich Pflanzenkohle, die immer wieder in kleineren Mengen in den Verrottungsvorgang gegeben wird. Pflanzenkohle hat aufgrund ihrer Beschaffenheit eine enorme Speicherfähigkeit. Die eingelagerten Nährstoffe werden über einen langen Zeitraum an die Erde abgegeben.
Immer wenn ich neues Material auf meinen Kompost gebe, streue ich Pflanzenkohle dazwischen und gieße außerdem mit Effektiven Mikroorganismen (siehe S. 76). Die Kombination von Mulchen und dem Ausbringen dieser nährstoffreichen Erde bewirkt, dass der Boden in meinem Garten immer fruchtbarer wird und zusätzlich wertvollster Humus aufgebaut wird.

1

2

3

1. Der Weg von Kompost zu Terra Preta führt über Pflanzenkohle. Diese hat eine sehr große Oberfläche, in die Nährstoffe eingelagert sind. Immer wenn neues Kompostmaterial aufgebracht wird, gebe ich zwei Handvoll Pflanzenkohle dazu.

2. Ebenso verfahre ich beim Flächenkompost. Pflanzenkohle bekommst du überall dort, wo es auch EM-Produkte zu kaufen gibt.

3. Nach jeder neuen Schicht gebe ich zur Optimierung und Bodenverbesserung noch Effektive Mikroorganismen dazu.

Zusätzliche Dünger

Ohne ausreichende Nährstoffe im Boden können die Pflanzen mit ihren sehr unterschiedlichen Ansprüchen nicht optimal wachsen. Diese kommen vor allem über das Mulchen und Kompostgaben in die Erde.

Zusätzlich hast du weitere Möglichkeiten, Pflanzen, die besonders „hungrig" sind, mit Dünger zu versorgen.

NICHT ÜBERTREIBEN!

Wir wollen uns ausschließlich mit organischen Düngern beschäftigen, die immer ein tierisches oder pflanzliches Grundmaterial haben. Hier gibt es eine große Auswahl an Produkten, die du bedenkenlos nutzen kannst. Diese Dünger sind Unterstützer beim Humusaufbau, gleichen Nähstoffverluste aus und versorgen somit die Pflanzen. Die meisten Gartenbesitzer:innen haben allerdings keine konkreten Kenntnisse über die Bodenbeschaffenheit, ob und welche Nährstoffe fehlen bzw. wieviel gedüngt werden sollte. Kein Wunder, dass viele Böden eher überdüngt sind. Abhilfe kann eine professionelle Bodenuntersuchung bringen (siehe S. 182).

KOMPOST UND TERRA PRETA

Der Vollständigkeit halber seien diese Dünger hier noch einmal erwähnt. Sie sind leicht selbst herzustellen (siehe S. 68) und immer wieder mal gebe ich einige Schaufeln fertigen Kompost bzw. Terra Preta auf die Beete. Mit dem Kompost kommen Milliarden von Kleinstlebewesen, Mikroorganismen und Kompostwürmer auf deine Beete.

MULCH

Während der Mulchrotte auf deinen Beeten werden den Pflanzen dank der Umwandlung des Mulchmaterials zu Humus ständig Nährstoffe bereitgestellt (siehe S. 60).

MIST VON PFERDEN UND HÜHNERN

Ein hervorragender Dünger ist der Mist von Pferden, Rindern oder Hühnern. Diesen solltest du allerdings nicht frisch auf die Beete geben, sondern am besten vorher ein Jahr kompostiert bzw. gelagert haben. Zu groß ist die Gefahr, dass du dir bei noch frischem Mist viele keimfähige Samen aller möglicher Pflanzen in den Garten holst. Frischer Mist enthält meist auch sehr viel Ammoniak, den wir in dieser Menge nicht benötigen und der dem Bodenleben eher schadet. Für die Lagerung nutze ich einen leerstehenden Kompostbehälter, der mit Mist befüllt und dann stehen gelassen wird. Ich habe ausgezeichnete Erfahrungen damit gemacht, Mist in meinen Hügelbeeten oder dem Kompost-Hochbeet zu verwenden. Den Mist gebe ich schichtweise in die Beete. Dazwischen kommt reifer Kompost, damit die Mikroorganismen und Würmer gleich mit ihrer Arbeit beginnen können.

Mistpellets

Falls du keine Möglichkeit hast, an frischen Mist zu kommen, sind sogenannte Mistpellets eine gute Alternative. Diese stehen sofort zur Verfügung und riechen zudem nicht unangenehm. Leider tragen sie nicht zum wertvollen Humusaufbau bei und du solltest darauf achten, wo die Pellets produziert wurden.

BOKASHI

Das klassische Bokashi wird mit Küchenabfällen hergestellt. Wie das geht, erkläre ich dir bei den Effektiven

ORGANISCHE DÜNGER

Hier siehst du die häufigsten organischen Dünger auf einen Blick, von denen du einige selbst herstellen kannst. Pellets sind eine geruchlose Alternative.

1

1. Hornspäne solltest du nach dem Ausbringen oberflächlich in den Boden einarbeiten, damit die Umsetzung schneller geht.

2. Für die Herstellung von Pflanzenjauchen verwende ich diese alten Wannen. Die Pflanzenteile, z. B. Brennnessel- oder Beinwellblätter, gären für ca. eine Woche.

Mikroorganismen (siehe S. 76). Der Name „Bokashi" bedeutet so viel wie „fermentiertes Allerlei". Seit einigen Jahren gibt es auch schon fertig hergestelltes Bokashi, und zwar ebenfalls in Pelletform. Diese eignen sich ebenfalls ganz ausgezeichnet für eine Frühjahrsdüngung. Breitwürfig gebe ich die Pellets auf die Beete. Auch hier gilt: Nicht übertreiben! Halte dich an die Angaben auf der Pellet-Packung.

BIO-HORNSPÄNE

Dieser Dünger ist bei vielen Gärtner:innen als Stickstoffdünger sehr beliebt. Die Späne bestehen aus zerkleinerten Rinderhufen, -hörnern und -klauen. Je nach Mahlung entstehen Hornspäne oder Hornmehl. Je feiner die Mahlung ist, desto schneller werden sie von Mikroorganismen zersetzt und umso schneller wird der Stickstoff dem Boden und den Pflanzen zur Verfügung gestellt.

SCHAFWOLLPELLETS

Auch aus Schafwolle werden mittlerweile Pellets hergestellt. Diese Pellets können neben Stickstoff in verschiedenen Dosierungen auch Kalium, Schwefel, Phosphor und Magnesium liefern. Dank ihrer Wasserspeicherfähigkeit – bis zum Dreifachen des Eigengewichtes – erfüllen sie somit noch eine weitere Funktion im Boden. Einige Zeit hatte ich auch ganze Schafwolle als Mulchmaterial auf Beete ausgebracht. Die Verrottung dauert jedoch sehr lange und ich konnte nicht beobachten, dass Regenwürmer die Schafwollpellets verstoffwechseln.

KAFFEESATZ

Dieses tägliche Abfallprodukt eignet sich nicht nur zur Pilzzucht (siehe S. 170), sondern auch als Düngemittel, besonders für eher saure Böden, wie sie Gurken, Zucchini oder Erdbeeren mögen. Achte darauf, dass der Kaffeesatz beim Sammeln in der Küche nicht schimmelt.

GRÜNDÜNGUNG

Du kannst auch Pflanzen anzubauen, die in der Lage sind, Stickstoff aus der Luft zu sammeln und Humus aufzubauen. Die Aussaat dieser Pflanzen – vor allem Senf, Lupine, Buchweizen, Bienenweide, Erbsen, Klee oder Raps – erfolgt nach Ende der Kulturzeit deiner Gemüse. Die Pflanzen lockern zum ei-

2

PFLANZEN FÜR JAUCHEN

- Acker-Schachtelhalm
- Beinwell
- Brennnessel
- Giersch
- Kamille
- Knoblauch
- Löwenzahn
- Zwiebelschalen

Du kannst Jauchen auch verdünnt mit Wasser (1:50) zum Besprühen der Pflanzen nutzen. So stärken beispielsweise Ackerschachtelhalm- und Brennnesselsprühungen die Pflanzen, fördern ihre Abwehrkräfte und wirken außerdem noch gegen Schädlinge wie Blattläuse und Pilze wie Mehltau.

nen den Boden tiefgründig auf, und wenn sie vor der Samenreife abgemäht werden, dienen sie als Mulchschicht über den Winter. Nebenbei wird durch den flächenmäßigen Anbau der Gründüngung noch das Bewachsen mit Beikräutern verhindert. Im Frühjahr werden die Reste der Pflanzenteile in den Boden eingearbeitet.

PFLANZENJAUCHEN

Eine weitere großartige Möglichkeit, um deine Pflanzen mit zusätzlichen Nährstoffen zu versorgen und zu stärken, sind Pflanzenjauchen oder Pflanzen-Smoothies. Diese enthalten viel Stickstoff und Kalium.

Für zu junge Pflanzen sowie Schwach- oder Mittelzehrer wie Erbsen, Bohnen, Möhren, Knoblauch und Zwiebeln ist eine Pflanzenjauche zu viel des Guten. Sie kommen meist mit einer großen Menge an Nährstoffen nicht klar.

Herstellung einer Pflanzenjauche

Hierzu nimmst du ein größeres Gefäß und befüllst es etwa bis zur Hälfte mit Blättern, beispielsweise von Brennnesseln oder Beinwell. Nun füllst du mit Wasser auf, rührst täglich kräftig durch und lässt den Sud für ein bis zwei Wochen fermentieren. Dein Dünger ist fertig, wenn du keine Schaumbildung mehr erkennst. Wundere dich nicht über den intensiven Geruch, den du durch Zugabe von EM abmildern kannst. Zum Düngen vermischst du einen Liter Jauche mit neun Litern Wasser. Gieße damit ältere Starkzehrer – Tomaten, Gurken und vor allem Kohlgewächse – im Wurzelbereich. Ich mache das etwa alle drei bis vier Wochen.

Pflanzen-Smoothies

Wenn du nicht so lange warten möchtest, bis die Fermentierung abgeschlossen ist oder sich deine Nachbarn über den „Naturduft" beschweren, hast du eine weitere Option: Stell dir mit einem Mixer einen Dünger-Smoothie her. Diesen gibst du frisch im gleichen Mischungsverhältnis wie eine Jauche an deine Pflanzen. Hierfür eignen sich dieselben Pflanzen wie für die Jauchen.

1

2

Effektive Mikroorganismen

Nun wollen wir endlich aufklären, was es mit EM, den Effektiven Mikroorganismen, auf sich hat. Noch vor einigen Jahren unbekannt, haben EM mittlerweile auch die Gartencenter erreicht. Ich höre immer wieder bei Vorträgen, dass Menschen zwar EM nutzen, allerdings nicht so richtig wissen, wie sie diese einsetzen sollen bzw. wie sie wirken.

Viele Menschen sind der Meinung, dass EM Dünger sind. Dem ist nur zum Teil so.

MIKROORGANISMEN SIND ÜBERALL

Der Erfinder der EM, wie wir sie heute nutzen, ist der japanische Agrarforscher Professor Teruo Higa. Ende der 80er-Jahre erkannte er bei Forschungsarbeiten die positiven Eigenschaften einer Kombination aus verschiedenen Mikroben, Bakterien und Pilzen.

Hauptbestandteile von EM sind Fotosynthesebakterien, Milchsäurebakterien und Hefen. Diese können die stark durch Dünger belasteten und zum Teil toten Böden wieder beleben. Durch Zugabe von EM erhöhen sich die Mikroorganismen im Boden.
Grundgedanke ist, dass ein Milieu immer aus unterschiedlichen Mikroorganismen besteht:

- Ca. 90 % opportune, also neutrale Mikroorganismen

3

4

– Ca 5 % regenerative, also aufbauende Mikroorganismen
– Ca. 5 % pathogene, also krankmachende bzw. degenerative Mikroorganismen

SO WIRKEN EM

Durch das Ausbringen von positiven bzw. regenerativen EM, die beispielsweise Fäulnis und Schimmel verhindern, wird also direkt Einfluss auf das Milieu genommen, in das die Mikroorganismen ausgebracht werden. Nach der Zugabe von EM passiert Folgendes: Die bisher neutralen Mikroorganismen wandern auf die Seite der aufbauenden und somit wird das Bodenmileu insgesamt zum Positiven verändert. Dieses Verhalten von Bakterien nennt man Dominanzprinzip.
Übrigens gibt es unterschiedliche EM-Bakterienmischungen für die verschiedenen Anwendungsgebiete: Boden, Garten, Gesundheit und Hautpflege, Haushalt und Reinigung, Wohlbefinden von Menschen und Tieren, Landwirtschaft und Teichpflege.
Durch den Einsatz von EM werden Fäulnis, Schimmel, unangenehme Gerüche (z. B. bei der Jaucheherstellung) sowie pathogene bzw. degenerative Bakterien unterdrückt. Die Bodenstruktur wird nachhaltig verbessert, die biologischen Aktivität im Boden gesteigert, die Widerstandskraft und die Wurzelbildung der Pflanzen vergrößert.

FERTIGE EM ANWENDEN

EM für den Gartenbereich heißen bei den verschiedenen Herstellern unterschiedlich. Auch die Dosierung und die Anwendungsempfehlungen variieren ein wenig. Ich gebe 200 ml EM-Garten (von der Eussenheimer Manufaktur) auf eine 10-Liter-Gießkanne. Damit gieße ich ungefähr alle vier Wochen meinen gesamten Gemüsegarten, immer nach dem Mulchen. Und auch neu aufgesetzten Kompost gieße ich damit.
Hast du einen größeren Garten, würde ich dir ein Dosiergerät empfehlen. Das gewünschte Mischungsverhältnis lässt sich einfach einstellen und das Gießen ist hiermit viel schneller erledigt.

1. Alle vier Wochen anwenden: 20 ml EM-Garten in eine 10-Liter-Gießkanne voll Wasser geben.

2. Bei einem größeren Garten kannst du EM viel effektiver mit diesem Dosiergerät herstellen und ausbringen. Das Mischungsverhältnis lässt sich einstellen.

3. Bokashi-Pellets: Langzeitdünger, der die aufbauenden Mikroorganismen vermehrt und unterstützt.

4. Zur Beschleunigung der Umsetzung von Mulch zu Humus gieße ich nach jedem Mulchvorgang mit EM.

1. Mit einem Indikatorpapier kannst du leicht nachprüfen, ob der ph-Wert nach acht Tagen zwischen 3,5 und max. 4 liegt.

2. Equipment zur Herstellung von EM

3. Ich habe zum Düngen gute Erfahrungen mit dieser Mischung gemacht: 100 ml Bokashi-Saft auf eine 10-Liter-Gießkanne mit Wasser.

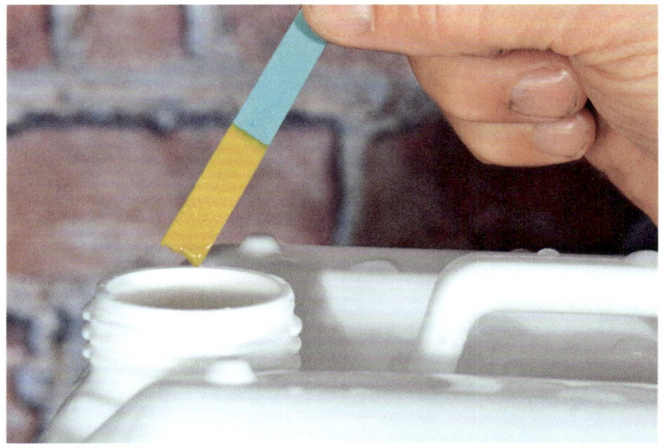

1

2

3

011

Küchen-Bokashi

Noch mehr Infos zu Küchen-Bokashi kannst du dir im Video anschauen.

EM SELBST HERSTELLEN

Die Herstellung von EM und die Vermehrung der Mikroorganismen für deinen Garten ist nicht schwierig. Dazu benötigst du einen Fermenter, einen Kanister mit einem Heizstab zum Einstecken, den es in verschiedenen Größen gibt. Ich arbeite mit einem 5-Liter-Gefäß. Weiter brauchst du eine Zuckerlösung, zum Beispiel Gerstenmalzsirup, und die EM-Ur-Lösung (beides im Gartenfachhandel oder im Internet erhältlich, siehe S. 182). Von beiden gibst du für einen 5-Liter-Ansatz jeweils 150 ml in den Fermenter und füllst mit ca. 37 °C warmem Wasser auf. Dein Heizstab hält diese Temperatur sehr genau und nach acht Tagen hast du 5 Liter EM. Am besten lagerst du sie in einer dunklen Umgebung bei 18 bis 22 °C. Ich habe selbst hergestelltes EM schon ein Jahr ohne erkennbare Probleme verwendet.

012

EM richtig anwenden

Schau dir in dem Video an, wie ich EM anwende.

BOKASHI AUS KÜCHENABFÄLLEN

Du kannst auch bereits im Haus damit beginnen, deine Küchenabfälle in wertvollsten Dünger, Bokashi, zu verwandeln. Dazu benötigst du

- einen Bokashi-Eimer
- EM Garten
- Pflanzenkohle

Fertiges Küchen-Bokashi kommt in die Erde.

Der Sickersaft aus dem Bokashi-Eimer eignet sich übrigens, sehr stark verdünnt mit Wasser (1:50 bis 1:100), ebenfalls als Dünger. Starte mit einer stark verdünnten Mischung und beobachte deine Pflanzen.

So stellst du Bokashi her

Schon in der Küche sprühen wir auf den Bioabfall EM. Wenn der Eimer gefüllt ist, kommen die Abfälle nun schichtweise in den Bokashi-Eimer. Zwischen jede neue Schicht sprühe ich EM und gebe etwas Pflanzenkohle dazu. Mit einem Gummihammer drücke ich den Abfall fest, decke alles mit einer Luftpolsterfolie ab und beschwere es mit einer Metallplatte bzw. einem Stein damit die Fermentation luftdicht abläuft. Neuere Eimer haben bereits einen Innendeckel, der luftdicht verschließt.

Nach meiner Erfahrung passt der Inhalt von ca. sechs 10-Liter-Küchenzeimern in den Bokashi-Eimer. Dieser hat im Bodenbereich einen Auslaufhahn, aus dem hochwirksamer Sickersaft läuft.

Die Fermentation ist abgeschlossen, wenn keine Flüssigkeit mehr austritt.

Mit Bokashi düngen

Das fertige Bokashi kann nun als Dünger in deinem Garten ausgebracht werden. Allerdings besser nicht sofort, da der pH-Wert nach meiner Beobachtung zu Beginn etwas zu sauer ist. Ich habe die besten Erfahrungen gemacht, den Inhalt des Bokashi-Eimers zunächst in eine große Wanne zu geben und mit Erde zu vermischen, damit sich die verschiedenen pH-Werte angleichen. Nach drei bis vier Wochen arbeite ich nun dieses Bokashi-Erde-Gemisch in den Boden ein. Du könntest den Bokashi alternativ auch in deinen Komposter geben.

Herausforderungen im Selbstversorgergarten

Wer gärtnert, wird immer wieder mit unliebsamen „Gästen“ Bekanntschaft machen. Plötzlich sind sie da und fallen über unser Gemüse her. Deshalb ist es wichtig, dass man bereits im Vorfeld weiß, was in welchem Fall zu tun ist. Ein weiterer Faktor ist das Wetter.

Vlies als Kälteschutz

Rahmenbeet mit Abdeckung

Wetterextreme

Mit Frost können die meisten Jungpflanzen in den Frühlingsmonaten nicht umgehen. Wenn dann noch ein kalter Wind weht, gehen sie ein. Das beutet, dass viele Gemüsearten erst nach den Eisheiligen, ab Mitte Mai, ins Freie können. Mit einem Frühbeet oder Vlies lassen sich diese Gefahren abmildern. Beete mit Abdeckung sind jedoch nicht nur im Frühjahr, sondern ebenso für den Herbst- und Winteranbau die Voraussetzung für einen erfolgreichen Anbau. Deshalb arbeite ich gern mit Rahmenbeeten: Der passende Deckel bietet einen perfekten Schutz.

Sowohl große Hagelkörner als auch ein heftiger Regen können die Blätter deiner Pflanzen beschädigen oder Boden wegschwemmen. Diesen Gefahren ist man leider in den meisten Fällen schutzlos ausgesetzt.

Wühlmäuse

Auch wenn du die kleinen Nager nicht siehst, ist ihr Wirken an absterbenden Pflanzen und Löchern im Boden zu erkennen. Du kannst versuchen, die Wühlmäuse mit stark riechenden Pflanzen wie Knoblauch, Lavendel oder Thujazweigen, aber auch mit den Abfällen eines Fischessens zu vergrämen – einfach in die Löcher stecken! Andere schwören darauf, Milch bzw. Buttermilch in das Loch zu gießen. Zu guter Letzt gibt es eine Vielzahl an Fallen.

Spanische Wegschnecke

Schnecken

Bei feuchter Witterung kommen sie aus allen Ritzen gekrochen und futtern in kurzer Zeit dein Gemüse weg. Neben dem täglichen Absammeln gibt es unzählige mechanische Schutzmaßnahmen wie Schneckenzäune, Kupferbäder oder Bierfallen. Auch ein Extrakt aus Lebermoos (Fachhandel) und unangenehm riechendes Schneckengranulat sollen die Plagegeister fernhalten. Ich habe sehr gute Erfahrungen mit der Anwendung von Effektiven Mikroorganismen und Mulchen gemacht. EM reduzieren Fäulnis, die die Schnecken lieben, und machen die Pflanzen weniger anfällig für Schädlinge. Das tödliche Schneckenkorn aus Eisen-III-Phosphat lockt Schnecken an, es gefährdet jedoch keine anderen Tiere. Bei einem starken Druck ist das oft die allerletzte Möglichkeit.

Schneckenfraß

Erdflöhe

Erdflöhe

Diese 2 bis 3 mm großen Tierchen befallen mit Vorliebe Pflanzen aus der Familie der Kreuzblütler, vor allem Kohlgewächse. Meist findest du die ersten Löcher in Blättern von Radieschen, Rucola, Rettich und Kohlrabi. Erdflöhe sind keine Flöhe, sondern gelb-schwarze, leicht schillernde Käfer mit ungeheurer Sprungkraft. Sie werden bei Temperaturen um die 5 °C aktiv und beginnen mit der Eiablage in der Erde. Die Larven entwickeln sich am besten bei trockenem Boden und warmem Wetter. Das sind genau die Faktoren, die du ihnen nicht bieten solltest, d. h. störe ihre Entwicklung durch regelmäßiges Hacken, Wässern und Mulchen. Sind die Blätter bereits befallen, besteht die Möglichkeit, diese mit Gesteinsmehl, Algenkalk oder Roggenmehl ringsum zu bestreuen. Da die Larven im Boden überwintern, solltest du auf Beeten mit Befall keine gefährdeten Pflanzen anbauen.

Blattläuse

Gekräuselte oder eingerollte Blätter sind meist die ersten Anzeichen, dass diese Pflanzensaft saugenden Insekten an der Arbeit sind. Das Wachstum der Pflanzen wird gehemmt, Viren werden übertragen und der klebrige Honigtau bereitet Pilzkrankheiten einen optimalen Nährboden.

Vorbeugend hilft es, den natürlichen Feinden der Blattläuse – Marienkäfer, Florfliegen, Schlupfwespen, Raubwanzen, Spinnen, Vögel – Unterschlupfmöglichkeiten zu bieten. Ist der Befall sehr groß, kannst du die Pflanzen zusätzlich mit Brennnessel-Sud, Neemöl oder einem Gemisch aus Milch und Wasser (1 : 2) besprühen. Ich habe auch gute Erfahrung mit einer Kaliseifenlösung gemacht: 50 ml Kaliseife (Fachhandel) auf 1 Liter Wasser.

Blattläuse an Stangenbohnen

Weiße Fliege

Die kleinen weißen Fliegen verdanken ihren Namen ihrem Aussehen. Sie gehören jedoch nicht zu den Fliegen, sondern zu den Mottenschildläusen. Sobald die ersten Tierchen zu sehen sind, besprühe ich die Jungpflanzen – je eher, desto besser. Gute Ergebnisse konnte ich mit einer Kaliseifenlösung (siehe S. 78) oder mit Neemöl (4 ml auf 1 l Wasser) erzielen. Ebenfalls hilfreich ist EM 500, ein mikrobiologisches Mittel mit Effektiven Mikroorganismen und verschiedenen Pflanzen – es wird im Verhältnis 1:500 mit Wasser verdünnt und dann auf die Pflanzen gesprüht. Am wirksamsten, aber aufwendigsten im Freien sind Schutznetze mit einer Maschenweite von max. 0,8 × 0,8 mm. Im Gewächshaus eignet sich der Einsatz von Gelbtafeln, an denen die Insekten kleben bleiben, oder das Ausbringen von Nützlingen, beispielsweise Schlupfwespen.

Befall mit Weißer Fliege

Weiße Fliege – ganz nah

Drahtwürmer

Verwelken deine Gemüsepflanzen von einem auf den anderen Tag, sind meist Dahtwürmer zugange. Dabei handelt es sich um die Larven des Schnellkäfers. Meist ist zu erkennen, dass der Wurzelhals durchgebissen wurde – die Pflanzen vertrocknen. Was diese Übeltäter gar nicht leiden können ist, wenn der Boden häufig gelockert wird. Der Geruch von Ringelblumen und Tagetes ist ihnen ebenfalls zuwider. Sehr gut funktionieren zudem Kartoffelspieße: Schneide Kartoffeln in dickere Scheiben und steche einen kleinen Holzstab hinein. So kannst du sie leicht in der Erde versenken und die Scheiben nach ein paar Tagen mitsamt den Drahtwürmern herausnehmen. Meine Amseln im Garten freuen sich immer über diese leichte Beute.

Hausmittel gegen Drahtwürmer

Großer und Kleiner Kohlweißling

Beide Schmetterlinge sind an ihren cremefarbenen Flügeln und den schwärzlichen Flecken zu erkennen. Ihre Raupen fressen sich durch die Blätter, was die Kohlpflanzen nachhaltig schädigt. Um die Tagfalter von der Eiablage fernzuhalten, gibt es folgende Möglichkeiten:

- Engmaschige Netze: am effektivsten, jedoch sehr aufwendig
- Konsequentes Absammeln der Raupen und Eier: sehr mühsam, aber auch effektiv
- Gärtnern mit Mischkulturen, z. B. Tomaten, Sellerie: zur Vorbeugung
- Nützlinge, d. h. Raupenvertilger unterstützen, beispielsweise durch das Aufhängen von Nistkästen: zur Vorbeugung

Kohlweißling

Kartoffelkäfer

Kartoffelkäfer

Der Käfer und seine Larven fressen in kurzer Zeit die Blätter der jungen Kartoffeltriebe komplett weg, was die Pflanze erheblich schädigt. Sobald die ersten Käfer auftreten, sollte sofort reagiert werden: Am besten absammeln! Nachdem die Käfer ihr Werk bei den Kartoffeln vollbracht haben, wandern sie auf andere Nachtschattengewächse wie Auberginen und Tomaten ab. Als vorbeugende Maßnahme solltest du Kartoffeln nicht mehrere Jahre auf demselben Beet anbauen, da die Käfer den Winter in der Erde verbringen und dann gleich zur Stelle sind. Als biologische Bekämpfung kannst du ein Extrakt aus Neemöl und einen Pfefferminze-Sud als Spritzung einsetzen.

Echter und Falscher Mehltau

Echter Mehltau

Es vergeht kein Jahr, in dem meine Zucchinipflanzen zum Ende der Saison nicht mit Mehltau befallen sind. Beim Echten Mehltau sind die Triebspitzen meist deformiert und auf der Oberfläche der Blätter bildet sich ein silbrig-gräulicher Belag. Der Pilz hat optimale Voraussetzungen zum Wachsen, wenn es während des Tages warm und nachts eher kalt ist. Im Gegensatz dazu verfärbt sich die Blattoberfläche beim Falschen Mehltau gelb und auf der Blattunterseite entsteht ein grau-schimmeliger Überzug. Dieser Pilz bevorzugt für Entstehung und Wachstum eher nasses und warmes Wetter, wie es auch oft in Frühbeeten und Gewächshäusern vorkommt. Lüften ist daher besonders wichtig. Beide Pilze schwächen die Pflanzen. Zur Vorbeugung stehen mehltauresistente Sorten zur Verfügung. Bei einem überschaubaren Befall kannst du die Blätter mit Brennnessel- oder Acker-Schachtelhalm-Sud, Knoblauch- bzw. Zwiebel-Tee sowie mit Wasser verdünnter Milch (Milch : Wasser = 1 : 8) besprühen. Befallene Pflanzenteile haben auf dem Kompost nichts zu suchen und sollten komplett aus dem Garten entfernt werden.

Kraut- und Braunfäule

Werden Tomaten im Freien ohne Regenschutz angebaut, kommt es in kühlen, feuchten und verregneten Sommern häufig zur Kraut- und Braunfäule. Diese Pilzkrankheit erkennst du leicht an den faulenden Blättern, die immer mehr vertrocknen und zu welken beginnen. Sobald du entsprechende Merkmale entdeckst, solltest du diese Blätter schnellstmöglich entfernen und entsorgen.

Zur Vorbeugung kannst du die Tomaten im Freien mit einem Regenschutz anbauen und Braunfäule-resistente Sorten, beispielsweise 'Phantasia' oder 'Philovita', wählen. Mit der Einhaltung eines entsprechend großen Pflanzabstands können feuchte Blätter schneller abtrocknen, was wiederum einem Befall entgegenwirkt. Gieße die Pflanzen immer nur im Wurzelbereich und nie die Blätter. Im frühen Stadium können Blattspritzungen mit Acker-Schachtelhalm-Brühe helfen, größeren Schaden zu verhindern.

Tomatenpflanze mit Kraut- und Braunfäule

Von der Ernte bis zur Lagerung

Endlich ist es soweit und die ersten Gemüsesorten sind reif. Vieles wird gleich frisch verzehrt, aber irgendwann kommt meistens der Moment, in dem das Angebot größer als der Bedarf ist.

1

Wie gut, dass man die meisten Gemüse-, Kräuter- und Obstarten auch haltbarmachen oder lagern kann.

ERNTE

Ein eigener Garten bietet die allerbesten Möglichkeiten, sich mit frischem Gemüse, Kräutern, Beeren und Pilzen zu versorgen. Einfach durch den Garten schlendern und schauen, wo es etwas zu ernten gibt, begeistert mich immer wieder aufs Neue. Mal ist der Salat zum Abschneiden geeignet, knackige Radieschen spitzen aus der Erde und bei einem Holzstamm zeigen sich endlich kleine Fruchtkörper von Speisepilzen, deren Myzel vor Wochen in den Stamm geimpft wurde. Zum optimalen Zeitpunkt ernten und möglichst bald verzehren oder verarbeiten – das ist der beste Garant dafür, dass die Vitamine im vollen Umfang erhalten bleiben.
Wenn du vormittags erntest, ist das Gemüse noch herrlich knackig. Blattgemüse wie Spinat oder Feldsalat reichern besonders in den Wintermonaten Nitrat an, das sich aber bis in die Abendstunden weitgehend abbaut. Deshalb ist es sinnvoll, diese Arten erst dann zu ernten.

FRISCH VERWENDEN

Es gibt keine schöneren Momente in einem Gärtnerleben als die ersten Radieschen, Karotten oder Tomaten zu ernten und an Ort und Stelle zu essen. So verlieren sie die wenigsten Vitamine und schmecken am allerbesten. Aber auch im Gemüsefach des Kühlschranks bleiben die meisten Gemüsearten einige Tage frisch. Nicht für die Lagerung im Kühlschrank geeignet sind Zucchini, Gurken, Knoblauch, Zwiebeln, Kürbis, Paprika und Auberginen – besser bei ca. 10 bis 16 °C an einem eher dunklen, luftigen Platz, beispielsweise im Keller, lagern.

1. Ich gehe jeden Tag durch den Garten und hole mir die Gemüse, welche gerade erntereif sind.

2. Heute gab es Kohlrabi, die ich in Scheiben geschnitten und paniert habe, dazu eigene Tomaten und Pilze sowie Kartoffeln vom Biobauern.

3. Mein Kräuterbrei: schnell zubereitet, lecker und super gesund

2

3

Mein Lieblingsrezept

Eine große Zwiebel fein hacken und in einem kleinen Stück Butter in einem Topf anbraten. Zwei bis drei geschälte, rohe Kartoffeln zusammen mit etwas Blatt- oder Kohlgemüse (z. B. Spinat, Kohlrabiblätter, Wirsing, Mangold, Brennnessel, Giersch), 150 ml Wasser und zwei Löffeln Streuwürze (siehe S. 85) hineingeben. Etwa 18 Minuten köcheln lassen. Mit Streuwürze (Gemüsebrühe), Muskat und Kurkuma abschmecken und zum Schluss mit einem Schuss Sahne verfeinern. Jetzt alles pürieren – fertig! Dazu passen ca. 1 cm dicke gebackene Kohlrabi- oder Auberginen-Scheiben. Diese nach Belieben würzen und am Ende der Garzeit noch etwas Käse zum Überbacken darüberstreuen.

Erdmiete

Du kannst eine Erdmiete ganz einfach mit einer Wasch- oder Trocknertrommel (Internet) selbst bauen. Hebe in deinem Garten ein Loch aus, in das die Trommeln bis zur Einfüllöffnung hineinpassen.

Die Trommeln haben dank ihrer kleinen Löcher (zu klein für Mäuse!) Kontakt zum Erdreich. In den Boden der Trommeln solltest du einige kleine Löcher bohren, damit Wasser, falls mal welches eindringt, wieder abfließen kann.

Nun befüllst du die Erdmiete mit deinem Gemüse und gibst immer wieder feuchten Sand dazwischen. Ein Deckel schützt von oben vor Wasser und unliebsamen Gästen.

Ich baue meine Trommel in ein Rahmenbeet und gebe die Abdeckung darüber. Somit ist der Wassereintritt schon mal verhindert und ich komme im Winter ohne Probleme an das Gemüse.

GEMÜSE FÜR DIE ERDMIETE

- Knollensellerie
- Kohlrabi
- Möhre/Karotte
- Pastinake
- Petersilienwurzel
- Rettich
- Rote Bete
- Steckrübe

LAGERN

Einige Gemüse- und Obstarten sind aufgrund ihrer Größe und Ansprüche für eine Lagerung geeignet. Kartoffeln lassen sich bei etwa 4 bis 6 °C in entsprechenden Räumen und Behältnissen aufbewahren. Achte darauf, dass keine Äpfel oder Birnen in der Nähe gelagert werden, denn das aus den Früchten ausweichende Reifungsgas Ethylen lässt die Kartoffeln schnell verderben. Kürbisse lassen sich ebenfalls in kühler und dunkler Umgebung für einige Monate lagern. Früher gab es in den Häusern dunkle, kühle Kellerräume mit Naturboden. Die Alternative ist eine Erdmiete im Freien.

TROCKNEN

Dörren bzw. Trocknen ist eine sehr alte Konservierungsmethode. Dazu eignen sich Gemüse, Kräuter, Beeren und Pilze.
Letztlich geht es bei dieser Methode darum, den Pflanzen Wasser zu entziehen, entweder um es später wieder zuzusetzen oder um die getrockneten Teile als Chips roh zu verzehren. Ich trockne bei ca. 42 °C in einem Dörrautomaten oder bei etwa gleicher Temperatur in der Backröhre. Hier bleibt die Türe einen Spalt geöffnet. Dörrgeräte haben meist mehrere Einschübe, sodass viele Gemüsescheiben gleichzeitig aufgelegt werden können. Wichtig ist, dass alle zu trocknenden Teile die gleiche Dicke haben, damit sie gleichmäßig und vor allem vollkommen durchtrocknen. Restfeuchte führt zu Schimmelbildung.
Zur Aufbewahrung sind große Gläser ausgezeichnet geeignet. Die getrockneten Teile sind mindestens ein Jahr haltbar.

Kräutersalz und Streuwürze

Sehr leicht lassen sich aus deinen Gartenkräutern wunderbare Würzmischungen herstellen. Ernte die Kräuter, wenn diese am aromatischsten sind – zum Beispiel Thymian, Oregano, Majoran, Liebstöckel, Estragon, Bohnenkraut. Nach dem Trocknen

1

2

3

1. Zum Dörren ist es wichtig, dass das Dörrgut möglichst gleich dick geschnitten ist und alle Teile vollkommen durchgetrocknet werden.

2. Wenn du die getrockneten Teile würzt, hast du Gemüsechips. Alternativ kannst du sie klein mahlen, …

3. … dann entsteht eine Gemüsebrühe, die in einem geschlossenen Gefäß mehrere Monate haltbar ist.

GEMÜSE UND OBST ZUM EINFRIEREN

- Beerenobst
- Bohnen
- Erbsen
- Karotten
- Kohlarten
- Zucchini

werden sie gemahlen und mit der gleichen Menge an Salz und etwas Pfeffer zu einer fertigen Gewürzmischung verfeinert. Dein selbst hergestelltes Kräutersalz ist auch ein ganz persönliches Geschenk.

EINFRIEREN

Eine weitere schnelle Möglichkeit, um deine Ernte haltbarzumachen, ist das Einfrieren. Entweder frierst du das Gemüse so ein, wie es aus dem Garten kommt – nur zerkleinern und blanchieren, bevor du es in Gefrierbeutel gibst und diese beschriftest. Oder du frierst fertige Gerichte ein.

EINWECKEN

Manche Gemüse wie Gurken, Rote Bete, Zucchini, Erbsen, Paprika, Bohnen oder Karotten sind perfekt zum Einwecken geeignet. Dazu benötigst du Einmach- bzw. Twist-Off-Gläser und einen Einkochtopf. Beim Einwecken werden Mikroorganismen, die zu Fäulnisprozessen führen würden, abgetötet und können durch das entstehende Vakuum nicht mehr erneut eindringen.

So geht's

Sauberes Arbeiten ist die Grundvoraussetzung: Sterilisiere die Gläser sowie die Deckel mit den Gummidichtungen in kochendem Wasser für 15 Minuten. Alternativ kannst du die Gläser im Backofen bei 130 °C für etwa 15 Minuten sterilisieren. Die Gummidichtung würde hier unter Umständen Schaden erleiden.

Das geputzte und zerkleinerte Gemüse oder Obst wird nun bis etwa 2 cm unter dem Rand in die Gläser geschichtet und mit einem Sud, hierfür gibt es sehr unterschiedliche Rezepte, aufgegossen.

Nach dem Verschließen der Gläser werden diese nun in einen Einkoch- oder Schnellkochtopf gestellt, und zwar so, dass sie sich nicht berühren. Bis zu zwei Dritteln mit Wasser auffüllen und auf 85 bis 100 °C erhitzen. Die Einkochzeit hängt sehr stark von den jeweiligen Gemüse- oder Obstarten ab und variiert zwischen 10 und 90 Minuten. Nach dem Einweckvorgang lasse ich die Gläser etwa 10 Minuten abkühlen. An einem kühlen und dunklen Ort können die Gläser

Einfach herzustellen und eine echte Alternative zu fertig gekaufter Gemüsebrühe.

Frisches und eingekochtes Gemüse aus dem eigenen Garten

GEMÜSE ZUM FERMENTIEREN

- Grüne Bohnen
- Kohlgemüse
- Kürbis
- Paprika
- Rote Bete
- Wurzelgemüse

nun für Monate oder sogar einige Jahre gelagert werden. Wichtig: mit Namen und Einweckdatum beschriften!

FERMENTIEREN

Die Fermentierung mithilfe der Milchsäuregärung ist eine der ältesten bekannten Formen, um Gemüse haltbar zu machen. Die meisten kennen diese Methode von der Sauerkrautherstellung, aber auch vom koreanischen Nationalgericht Kimchi. Bei der Gärung entsteht ein saures Milieu, das verhindert, dass vor allem unerwünschte Bakterien sich ausbreiten könnten und das Gemüse verdirbt. Es bleibt für lange Zeit haltbar. Bei der Fermentierung entstehen zusätzliche Vitamine und sie wirkt sich äußerst positiv auf die Darmflora aus. Was will man mehr?

Grundrezept

Die Herstellung ist einfach. Achte aber darauf, wirklich sauber zu arbeiten. Für das Grundrezept, eine 2 %-ige Salzlösung, benötigst du 20 g Salz auf 1 Liter Wasser, Einweckgläser mit Gummi oder spezielle Fermentiergläser und natürlich Gemüse. Besonders gut geeignet sind etwas festere Arten und Sorten. Als Gewürze kannst du zum Beispiel Pfeffer, Knoblauch, Dill, Thymian oder Oregano verwenden. Nach dem Säubern und Zerkleinern wird das Gemüse in die Gläser eingedrückt und mit der Salzlösung aufgefüllt. Es sollte alles bedeckt sein.
Alternativ wird das Gemüse gesalzen: Schneide es in kleine Stücke oder Streifen und gib es in eine große Schüssel. Pro 1 kg Gemüse brauchst du 20 bis 30 g Salz und zusätzlich Gewürze nach Geschmack. Alles kräftig durchmischen! Nun füllst du die Mischung in die Gläser und stampfst das Gemüse, bis Saft austritt und im optimalen Fall etwa 1 cm darübersteht. Damit der Inhalt unter der Lake bleibt, wird er mit einem Gewicht beschwert. Zum Fermentieren muss der Vorgang luftdicht abgeschlossen sein. Die entstehenden Gase müssen entweichen können und du solltest jeden Tag den Deckel kurz öffnen. Lass deine Gläser für ein bis zwei Wochen bei Zimmertemperatur stehen und probiere das fermentierte Gemüse dann. Passt alles, kannst du die Gläser in den Kühlschrank stellen. Je länger es im warmen Raum fermentiert, desto saurer wird es. Ich habe fermentiertes Gemüse schon acht Monate aufbewahrt, ohne eine Geschmacksveränderung feststellen zu können.

WIEDERVERWENDEN STATT WEGWERFEN

Ich möchte dir weitere Möglichkeiten vorstellen, wie du Gemüse ein zweites Mal ernten kannst und was du mit übrig gebliebenem Saatgut machen kannst.

WAS TUN MIT …

… übrig gebliebenem Saatgut: Microgreens

Hierzu benötigst du weder ein Gartenbeet noch aufwendiges Equipment, lediglich Samen, einige Schalen, ausreichend Tageslicht bzw. eine künstliche Beleuchtung und ein Substrat. Das kann Erde, aber auch nur ein Vlies oder Küchenpapier sein. Microgreens sind nichts anderes als die ersten grünen Blättchen, die nach der Keimung sprießen. Anderes als bei Sprossen, bei denen der Keimling verwendet wird, erntet man bei Microgreens die 3 bis 8 cm hoch gewachsenen Pflänzchen. Microgreens können das ganze Jahr über angebaut und 7 bis 14 Tage nach der Aussaat bereits geerntet werden. Perfekt für den Winter! Die zarten jungen Blatttriebe stecken voller Vitamine, Mineralien, sekundärer Pflanzenstoffe, Enzyme, Chlorophyll und haben einen sehr hohen Nährstoffgehalt und eine gute Bioverfügbarkeit.

Für Microgreens kann auch sehr gut abgelaufenes oder selbst gesammeltes Saatgut verwendet werden. Gartenkresse kennt jede:r. Versuche es doch mal mit Erbsen, Rettich, Radieschen, Brokkoli, Kohlrabi, Grünkohl, Rotkohl, Dill, Mungobohnen, Rotklee, Bockshornklee, Linsen, Asiasalaten oder Kichererbsen – du wirst von den unterschiedlichen Geschmacksrichtungen begeistert sein: scharf, mild, würzig oder sogar süßlich. Microgreens eignen sich wunderbar auf ein Butterbrot, Sandwich, Kräuterquark, Suppen, Salate, Smoothies oder Eierspeisen.

… abgeerntetem Gemüse: Regrowing

Das funktioniert mit Gemüsearten, die sich vegetativ vermehren können, also ohne Samen, und in deren Gemüseresten alle genetischen Informationen vorhanden sind. Zu diesen Arten gehören Lauch, Frühlingszwiebeln, Salate, Wurzelpetersilie und Karotten.

Du kannst die Reste, also den Wurzelteil mit 5 bis 7 cm Länge, direkt in einen Topf mit Erde stecken. Noch einfacher funktioniert es, wenn du die Gemüseteile in ein Glas stellst und mit einigen Zentimetern Wasser auffüllst. Wichtig ist der tägliche Wasserwechsel. Beide Varianten sollten an einem warmen und sonnigen Platz stehen. Bereits nach wenigen Tagen ist zu sehen, wie sich aus den Resten wieder neue Blätter bilden. Erstaunlich schnell ist eine zweite, wenn auch kleine Ernte möglich. Das Blattgrün von Karotten und Wurzelpetersilie eignet sich wunderbar für die Herstellung eines Pestos. Bei Lauch und Frühlingszwiebeln kannst du die Pflanzen auch wieder zurück in den Garten setzen, damit sie fast wieder zur Originalgröße heranwachsen.

1

2

Aus alt wird neu

1. Gerade in den Wintermonaten kann man sich mit ein paar Gemüsesamen wunderbar mit frischem Grün versorgen.

2. Erstaunlich gut wachsen auch Reste mit Wurzelanteilen von Lauch oder Frühlingszwiebeln ein zweites Mal.

DIE PFLANZEN IM SELBST-VERSORGER-GARTEN

SYMBOLE

- sonniger Standort
- halbschattiger Standort
- schattiger Standort
- geringer Wasserbedarf
- mittlerer Wasserbedarf
- hoher Wasserbedarf
- Schwachzehrer
- Mittelzehrer
- Starkzehrer

MEINE GARTENOASE

In meinem Bio-Garten wachsen Gemüse, Küchenkräuter, Heilpflanzen und Stauden harmonisch zusammen.

Mein Garten von oben

Gemüse anbauen – die Basics

Jetzt starten wir mit dem erfolgreichen Gemüse- und Kräuteranbau. Viele Dinge, die zu Beginn unverständlich sind oder für Verwirrung sorgen, stellen sich bald als Gartenalltag dar. Wer gärtnert, wird in keinem Jahr die gleichen Ergebnisse erzielen. Dein Erfahrungsschatz wird von Jahr zu Jahr wachsen.

Wer mit dem Gemüsegärtnern beginnt, wird zunächst überrascht sein über die vielen Fachausdrücke wie Mischkultur, Fruchtfolge, Haupt- oder Nebenkultur, Vor- und Nachfrucht. Lass dich davon nicht verunsichern. Ich erkläre dir alles.

MISCHKULTUR

Stell dir vor, du musst dich wochenlang direkt neben eine Person stellen, die du nicht so richtig „riechen" kannst. Dann weißt du jetzt, was es für Pflanzen bedeutet, wenn sie genau dazu gezwungen werden. Pflanzen unterhalten sich mit Duftstoffen, die sowohl mit ober- als auch unterirdischen Teilen ausgeschieden werden. Deshalb ist es wichtig, sie entsprechend zu kombinieren.
Ein Beispiel aus meinem Garten: Vor einigen Jahren hatte ich auf einem Beet an den beiden langen Rändern Mairübchen und später die freie Mitte mit drei Zucchinipflanzen bepflanzt. Die Idee war nicht schlecht: Bis die Zucchini groß werden, sind die Mairübchen längst geerntet. Das Problem war jedoch, dass die Zucchinipflanzen keinen Millimeter gewachsen sind und langsam verkümmerten. Nichts nutzte, bis ich die Mairübchen geerntet hatte. Als ich nach drei Tagen wieder nach den Zucchinipflanzen schaute, traute ich meinen Augen nicht. Sie standen plötzlich aufgerichtet und voller Energie zum Wachsen da.
Du wirst zahlreiche verschiedene Mischkulturtabellen finden, die sich z. T. auch widersprechen. Entstanden sind diese über viele Jahrzehnte durch Beobachtungen und Erfahrungen. Eine sehr bekannte Mischkultur ist zum Beispiel die Kombination von Möhren und Zwiebeln. Wenn du diese in Reihen nebeneinander pflanzt, schützen die Möhren vor der Zwiebelfliege und die Zwiebeln vor der Möhrenfliege. Weitere Kombinationen kannst du auf Seite 98/99 nachschlagen,

Kräuter und Blumen

Du kannst dein Gemüse wunderbar zusammen mit aromatischen Kräutern und Blumen pflanzen. Deren Düfte wirken nicht nur direkt auf das Pflanzenwachstum, sondern auch unmittelbar auf Schädlinge. Am deutlichsten ist das bei einer eher engen Bepflanzung zu sehen.

Pflanz- und Reihenabstand

Der Pflanzabstand befindet sich zwischen den einzelnen Pflanzen, der Reihenabstand zwischen den einzelnen Reihen.

1. Mischkultur berücksichtigt die Kombination verschiedener Gemüsearten, die sich gut vertragen oder sogar unterstützen. Hier wächst die bewährte Partnerschaft von Möhren und Zwiebeln.

2. In diesem Beet wachsen als Hauptkultur Tomaten, als Nebenkulturen wurden Salat, Spinat, Kohlrabi und Tagetes gepflanzt.

FRUCHTFOLGE: DREI- ODER VIERFELDERWIRTWSCHAFT

Pflanzen benötigen unterschiedlich viele Nährstoffe, um optimal wachsen zu können. Aus diesem Grund teilt man diese nach ihrem Nährstoffbedarf in Stark-, Mittel- und Schwachzehrer ein. Würdest du Starkzehrer, ohne entsprechend kräftig zu düngen, jahrelang auf demselben Beet pflanzen, würde es unweigerlich dazu führen, dass Wachstum und Fruchtbildung immer mehr zurückgingen und Schädlinge sich ausbreiten würden. Daher ist es sinnvoll, dass die Hauptkulturen nicht zwei Jahre nacheinander auf dem gleichen Beet angebaut werden, d. h. sie wechseln ihren Platz. Nach einem Jahr mit Starkzehrern darf sich der Boden regenerieren, zum Beispiel durch den Anbau von Schmetterlingsblütlern. Alternativ können Schwachzehrer angebaut und der Boden mit Kompost angereichert werden. Bei einer guten Fruchtfolge wird die gesamte Fläche möglichst gleichmäßig beansprucht.

Stickstoffsammler

Die Schmetterlingsblütler (Hülsenfrüchte) gehören zu den Schwachzehrern. Sie sind in der Lage, Stickstoff aus der Luft aufzunehmen, einzulagern und langsam an den Boden abzugeben. Das heißt in der Praxis: Nach Erbsen oder Bohnen sollten Starkzehrer mit einem enormen Stickstoffbedarf wie Kohlpflanzen gepflanzt werden.

PFLANZENFAMILIEN

Neben Einflüssen von Mischkultur und Nährstoffbedarf spielen die Verwandtschaftsverhältnisse eine Rolle. Achte darauf, nicht mehrere Jahre nacheinander Gemüse derselben Familie in dasselbe Beet zu pflanzen. Schädlinge, die verschiedene Arten einer Pflanzenfamilie befallen, würden sich auf den Beeten vermehren.

HAUPT- UND NEBENKULTUR

Gemüsearten, die zu den Hauptkulturen zählen wie Kohl- und Zwiebelgewächse, Erbsen, Bohnen und Wurzelgemüse, solltest du in deiner Beetplanung explizit berücksichtigen. Das sind die Kulturen, die für einen längeren Zeitraum ihren Platz auf den Beeten beanspruchen und zudem bestimmte Eigenschaften an den Boden stellen. Die Nebenkulturen, beispielweise Salate, Radieschen oder Spinat, lassen sich in den allermeisten Fällen einfach unter Beachtung der Mischkultur dazusetzen. Sie sind wesentlich kürzer an ihrem Ort und kommen mit den meisten Bodenarten und Nachbarpflanzen gut zurecht.

VOR-, HAUPT UND NACHFRUCHT

Um ein Beet optimal zu nutzen, kannst du nacheinander im Laufe des Jahres verschiedene Gemüsearten anbauen. Bevor die Hauptfrucht bzw. -kultur angebaut wird, die am längsten auf dem Beet bleibt, kommt zuvor die Vorfrucht, die bis zum Pflanzen der Hauptfrucht erntereif sein sollte. Nach dem Abernten der Hauptfrucht folgt im Spätsommer oder in den Herbstmonaten die Nachfrucht, die zum Teil sogar bis ins nächste Jahr auf dem Beet bleibt.
Hier ein Beispiel: Bepflanze ein Beet mit Schnittsalat (Vorfrucht), gefolgt von Zucchinipflanzen (Hauptfrucht) die lange auf den Beeten bleiben, und dann zum Herbst vielleicht noch mal Feldsalat (Nachfrucht).

BEETPLANUNG

Versuche die Mischkultur- und Fruchtfolge-Basics zu beachten, aber lass auch Raum zum Experimentieren und für Misserfolge. Neben einer „perfekten" Planung spielen Faktoren wie das Wetter und unerwarteter Schädlingsdruck eine mindestens genauso wichtige Rolle. Du musst nicht jedes Jahr alles neu erfinden, sondern kannst deinen Anbauplan aufgrund gewonnener Erfahrungen immer weiter optimieren.
Beachte bei deiner Beetplanung, möglichst keine größeren Pflanzenansammlungen, die von den gleichen Schädlingen besucht werden, nebeneinanderzusetzen oder zu säen. Das wäre eine Einladung, diese Beete zu besuchen.
Musterplanung für sechs Beete (je 1,00 × 1,50 m):

1. Jahr

Auf die ersten drei Beete kommen als Hauptkulturen jeweils Mittel-, Schwach- und Starkzehrer.
Beet 1: Wurzelgemüse, Zwiebelgemüse oder Kartoffeln
Beet 2: Hülsenfrüchte: Erbsen und Bohnen
Beet 3: Kohlgewächse

Auf die übrigen drei Beete kommen Hauptkulturen, die dort mehrere Jahre bleiben bzw. wachsen können:
Beet 4: Erdbeeren
Beet 5: Tomaten
Beet 6: Zucchini

Zu den Hauptkulturen planst du nun die passenden Nebenkulturen. Und damit die Beete während des gesamten Jahres genutzt werden, planst du noch Vor- oder Nachkulturen mit ein, womit die Frühjahrs- und Herbst-Bepflanzung festgelegt wird. Somit hast du klare Vorstellungen, wie deine Beete während der gesamten Kulturdauer ausschauen werden und wann du welche Samen oder Gemüsepflänzchen brauchst.
Beet 1: Neben die Hauptkulturen – z. B. je eine Reihe mit Pastinaken und Lauch – passen im Frühling zwei Reihen Möhren mit

Beet 1 im April: Am Rand wachsen Möhren mit Dill, dazwischen Pastinaken, Lauch und Zwiebeln.

Beet 1 im August: Die beiden Reihen mit Möhren und Dill werden durch Endivien ersetzt, die Zwiebeln machen Feldsalat Platz

Beet 2 im März: Erbsen und Möhren wechseln sich ab.

Beet 2 im Juni/Juli: Nach der Ernte von Erbsen und Möhren ist Platz für Grünkohl, Stangensellerie und Endivien.

Beet 3 im März: Spinat wächst am Rand, in der Mitte eine Reihe Kohlrabi, eingerahmt von Pflücksalat und Radieschen

Beet 3 im Mai/Juni: Rosenkohl braucht den Platz in der Mitte, daneben können jeweils zwei Reihen Buschbohnen mit Bohnenkraut sowie Pflücksalate mit Radieschen stehen.

Dill und eine Reihe Zwiebeln, im Hochsommer nach der Ernte von Möhren und Dill kannst du dort Endivien aussäen, nach der Ernte der Zwiebeln ist Platz für Feldsalat.
Beet 2: Neben zwei Reihen mit Erbsen als Hauptkultur passen ab März gut noch zwei Reihen Möhren. Als Nachkulturen könntest du in das Beet im Juni oder Juli, wenn alles geerntet wurde, z. B. zwei Reihen Grünkohl setzen und dazwischen je eine Reihe Stangensellerie und Endivien.
Beet 3: Möchtest du als Hauptkultur Kohl anbauen, z. B. Rosenkohl, ist das Beet ab Mai damit zu belegen. Als Vorkultur ab März würden sich Spinat, Pflücksalat, Radieschen und Kohlrabi anbieten. Als Nebenkulturen zum Rosenkohl würden im Sommer je zwei Reihen Buschbohnen mit Bohnenkraut und Pflücksalate mit Radieschen dazupassen, ab September könntest du Endivien und Feldsalat neben den Rosenkohl setzen.
Beet 4: Zwischen die Reihen mit Erdbeeren passen Zwiebeln, Knoblauch oder Lauch. Im Spätsommer, wenn die Zwiebeln geerntet sind, kannst du Feldsalat dazwischensäen.
Beet 5: Die Tomaten kommen Mitte Mai ins Beet. Als Nebenkulturen eignen sich Ringelblumen und Basilikum. Bereits im April kannst du am Beetrand jeweils eine Reihe Salate und/oder Spinat aussäen, die du im Lauf der Zeit aberntest und im Spätsommer durch Spinat, Feldsalat, Winterpostelein und/oder Endivie ersetzen kannst.
Beet 6: Die Zucchini-Pflanzen kommen im Mai ins Beet und werden sehr groß. Für Nebenkulturen ist kein Platz, aber du kannst im März am Rand Radieschen und Schnittsalate säen, die werden geerntet, bevor die Zucchini den Platz bedecken. Im August oder September, wenn die Zucchini-Pflanzen aus dem Beet genommen wurden, kannst du ein paar Reihen mit Winterspinat, Asiasalaten, Winterpostelein und/oder Feldsalat aussäen.

2. Jahr

Im zweiten Jahr wandern nun die Kohlgewächse auf das Beet, auf dem zuvor die Hülsenfrüchte (Erbsen und Bohnen) standen und wertvollen Stickstoff im Boden deponiert haben. Die Wurzelgemüse wandern auf das Beet der Kohlgewächse. Im Beet 4 wachsen die Erdbeeren – sie können drei Jahre dort bleiben, die Beete 5 und 6 werden wieder mit Tomaten und Zucchini bepflanzt.

Beet 1: Hülsenfrüchte (Erbsen und Bohnen)
Beet 2: Kohlgewächse
Beet 3: Wurzelgemüse, Zwiebelgemüse und Kartoffeln
Beet 4: Erdbeeren
Beet 5: Tomaten
Beet 6: Zucchini

3. Jahr

Im dritten Jahr folgen die Kohlgewächse wieder den Hülsenfrüchten (Erbsen und Bohnen) und die Wurzelgemüse den Kohlgewächsen.

Beet 1: Kohlgewächse
Beet 2: Wurzelgemüse, Zwiebelgemüse und Kartoffeln
Beet 3: Hülsenfrüchte (Erbsen und Bohnen)
Beet 4: Erdbeeren
Beet 5: Tomaten
Beet 6: Zucchini

Im Beet 4 wachsen die Erdbeeren – sie können drei Jahre dort bleiben, die Beete 5 und 6 werden wieder mit Tomaten und Zucchini bepflanzt.

4. Jahr

Im vierten Jahr tauschst du nun die Beete 1, 2 und 3 mit den Beeten 4, 5 und 6, die Jahre 5 und 6 entsprechen dann wieder den Jahren 2 und 3.

Beet 4 im März: Erdbeeren, Zwiebeln und Knoblauch passen gut zusammen.

Beet 5 im Mai: Die Tomaten dürfen Mitte Mai ins Beet. Als Nebenkulturen eignen sich Ringelblumen und Basilikum. Am Rand wachsen Pflücksalat, Kopfsalat und Kohlrabi.

Beet 6 im Mai: Die Zucchini-Pflanzen werden im Mai ins Beet gepflanzt. Da sie sehr groß werden, ist kein Platz für Nebenkulturen.

Beet 6 im September: Wenn die Zucchini-Pflanzen abgeerntet sind, kann das Beet mit Winterspinat, Asiasalaten, Winterpostelein und/oder Feldsalat gefüllt werden.

GEMÜSE-ANBAUPLAN

	Gemüseart	Nährstoff-bedarf	Gute Nachbarn
Salate	Kopfsalat	mittel	Bohnen, Dill, Erbsen, Gurken, Kohlrabi, Kohl, Radieschen, Rettich, Spinat, Tomaten
	Endivie	mittel	Fenchel, Kohlarten, Lauch, Möhren
	Radicchio	schwach	Bohnen, Dill, Knollenfenchel, Kohlarten, Radieschen, Tomaten, Zwiebeln
	Rucola	schwach	Ringelblumen, Salat, Sellerie, Zwiebeln
	Asia-Salate	mittel	Kopf- oder Pflücksalat, Tagetes
	Feldsalat	mittel	Endivie, Erdbeere, Kohlrabi, Radieschen, Ringelblumen, Winterpostelein, Zwiebeln
Blattgemüse	Spinat	mittel	Bohnen, Erbsen, Erdbeeren, Kohl, Pastinake, Radieschen, Rettich, Salat, Tomaten, Zwiebeln
	Mangold	mittel	Buschbohnen, Knollenfenchel, Kohlarten, Möhren, Radieschen, Rettich, Salat, Zwiebeln
	Stangensellerie	stark	Bohnen, Kohlarten, Lauch, Pastinake, Spinat, Tomaten, Zwiebeln
Fruchtgemüse	Paprika, Chili	stark	Kohlarten, Petersilie, Ringelblumen
	Tomate	stark	Basilikum, Bohnen, Knoblauch, Kohl, Möhren, Lauch, Petersilie, Salat, Sellerie, Spinat, Zwiebeln
	Aubergine	mittel	Kohlarten, Ringelblumen, Salat, Spinat
	Gurke	stark	Basilikum, Erbsen, Stangenbohnen, Dill, Knollenfenchel, Kohl, Sellerie, Spinat, Salat, Zwiebeln
	Zucchini	stark	Basilikum, Bohnen, Zwiebeln
	Kürbis	stark	keine, da Kürbis viel Platz benötigt
Hülsenfrüchte	Buschbohnen	schwach	Bohnenkraut, Borretsch, Dill, Erdbeeren, Gurken, Kohlarten, Mangold, Radieschen, Rote Bete, Sellerie, Tomaten
	Stangenbohnen	schwach	Bohnenkraut, Dill, Gurken, Ringelblumen, Rote Bete, Rüben, Salat, Sellerie, Spinat
	Erbsen	schwach	Dill, Gurken, Kohlarten, Möhren, Radieschen, Rettich, Salat, Spinat
Zwiebelgemüse	Zwiebeln	mittel	Dill, Erdbeeren, Gurken, Knoblauch, Mangold, Möhren, Rote Bete, Salat, Tomaten, Sellerie
	Knoblauch	mittel	Erdbeeren, Gurken, Möhren, Tomaten
	Winterheckenzwiebel	mittel	Salate, Gurke, Karotten
	Lauch	stark	Erdbeeren, Gurken, Knoblauch, Kohlarten, Möhren, Pastinake, Rettich, Sellerie
Wurzel- und Knollengemüse	Rote Bete	mittel	Bohnen, Bohnenkraut, Dill, Gurken, Kohlrabi, Möhren, Pastinake, Salat, Zwiebeln
	Möhren, Karotten	mittel	Endivie, Erbsen, Dill, Knoblauch, Kohlarten, Lauch, Radieschen, Rettich, Rote Bete, Salat, Tomaten, Zwiebeln
	Pastinake	mittel	Kartoffeln, Radieschen, Rote Bete, Salat, Sellerie, Spinat
	Knollensellerie	stark	Bohnen, Kohlarten, Lauch, Pastinake, Spinat, Tomaten, Zwiebeln
	Knollenfenchel	mittel	Blumenkohl, Gurken, Radieschen, Salat
	Wurzelpetersilie	mittel	Grünkohl, Bohnen, Brokkoli, Endivie, Ringelblumen
	Kartoffeln	stark	Borretsch, Kohl (frühe Sorten), Spinat
	Radieschen	schwach	Bohnen, Erbsen, Erdbeeren, Möhren, Salat, Tomaten
	Rettich	schwach	Bohnen, Erbsen, Erdbeeren, Möhren, Salat, Tomaten
	Mai- und Herbstrüben	mittel	Buschbohnen, Erbsen, Dill, Salat, Mangold
Kohlgewächse	Blumenkohl	stark	Buschbohnen, Endivie, Erbsen, Mangold, Möhren, Salat, Sellerie, Spinat, Tomaten
	Brokkoli	stark	Buschbohnen, Endivie, Erbsen, Mangold, Möhren, Salat, Sellerie, Spinat, Tomaten
	Chinakohl, Pak Choi	stark	Bohnen, Erbsen, Kohlrabi, Spinat
	Grünkohl, Palmkohl	stark	Buschbohnen, Endivie, Erbsen, Mangold, Möhren, Salat, Sellerie, Spinat, Tomaten
	Kohlrabi	mittel	Bohnen, Erbsen, Erdbeeren, Gurken, Lauch, Rote Bete, Salat, Spinat, Tomaten, Sellerie
	Rosenkohl	stark	Buschbohnen, Endivie, Erbsen, Mangold, Möhren, Salat, Sellerie, Spinat, Tomaten
	Rot- / Weißkohl, Wirsing	stark	Buschbohnen, Endivie, Erbsen, Mangold, Möhren, Salat, Sellerie, Spinat, Tomaten

Vorfrucht	Nachfrucht	Saattiefe in cm	Pflanzen-abstand in cm	Reihen-abstand in cm	Kulturzeit n Wochen
frühe Erbsen, Kohlrabi, Radieschen	Endivie, Feldsalat, Gurken, Kohlarten, Mangold	1	30	30	12
Starkzehrer, Bohnen, Zwiebeln	späte Ernte, daher keine Nachfrucht möglich	1-2	35-40	30	14-16
–	–	0-0,5	25	30	18-25
–	–	1	15	20	[illegible]
alles	alles	1-2	10	20	3-6
alles	alles	0,5-1	10	10	14-26
alles außer Mangold und Rote Bete	alles außer Mangold und Rote Bete	2	10	25	8-14
Hülsenfrüchte	Feldsalat	1-2	30-40	40	10-12
Hülsenfrüchte, Winterwicke	Kohlarten	0-0,5	30-40	30	28-32
Radieschen, Salat	Gründüngungspflanzen	0,5	40-50	60	18
Kohlrabi, Senf, Spinat	Gründungspflanzen, Hülsenfrüchte	0,5	60-80	80-100	16-18
frühe Salate, Spinat	Endivie, Feldsalat, Spinat	1	50	60	16-20
Senf	Endivie, Feldsalat, Spinat	2-3	60	100	12-14
Hülsenfrüchte	Gründüngungspflanzen	2-3	100	100	10-14
–	Gründüngungspflanzen	2	100-200	100-200	10-16
Kohlrabi, frühe Möhren, Radieschen, früher Salat	Endivie, Feldsalat, Grünkohl, Rosenkohl	3-4	30	30	8-12
frühe Möhren	Endivie, Feldsalat	3-5	5-8	40-60	16-20
keine, da frühe Aussaat	Chinakohl, Endivie, Feldsalat, Grün-, Rosenkohl	5	5	30-50	12-16
keine, da frühe Aussaat	Endivie, Feldsalat	1-2	5-10	25	18
Hülsenfrüchte	Feldsalat	5	10	20	16-24
Kann Jahre am selben Platz bleiben	Kann Jahre am selben Platz bleiben	0,5-1	10-20	20-30	ganzjährig
Kohlrabi, Salat	–	1-2	15-20	25-40	8-12
Kohlrabi, Radieschen, Salat	Gründüngungspflanzen	2-3	10	25	11
keine, da frühe Aussaat	späte Buschbohnen, Chinakohl, Endivie, Petersilie, Sellerie	1-2	3-5	20-30	10-16
keine, da frühe Aussaat	–	1-2	7-10	30	30-36
überwinternde Gründüngung	Endivie, Feldsalat	0,5	40	40	10-12
frühe Erbsen, frühe Kartoffeln	Gründüngungspflanzen	1-2	30	30	10-12
keine, da frühe Aussaat	–	1-2	7-10	30	30-36
keine, da frühe Aussaat	Fenchel, Grünkohl, Rosenkohl	8-10	30	60	12-16
keine, da frühe Aussaat	Endivie, Feldsalat, Kohlarten, Salat	1	5-7	10	3-4
keine, da frühe Aussaat	Endivie, Feldsalat, Kohlarten, Salat	1-2	10-15	20-30	8-12
Kreuzblütler	Kreuzblütler	1-2	10-20	20-30	5-12
Spinat	Endivie, Feldsalat	0,5	50	50	16-20
Spinat	Endivie, Feldsalat	0,5-1	50	50	7-12
Erbsen, Kohlrabi, Schnittsalat	späte Ernte, daher keine Nachfrucht möglich	1-2	30-40	50	10-12
Hülsenfrüchte, Radieschen, Spinat	Feldsalat, Spinat	1-2	50-80	50-80	30-36
Radieschen, Salat, Spinat	Chinakohl, Endivie, Feldsalat	1-2	25-40	30-50	12-20
Hülsenfrüchte, Radieschen, Spinat	Feldsalat, Spinat	1-2	50-60	50-60	24-40
Hülsenfrüchte, Radieschen, Spinat	Feldsalat, Spinat	2	60-80	60-80	16-40

Winteranbau

Als Selbstversorger will man natürlich auch im Winter Gemüse und Salat aus dem eigenen Garten ernten. Es gibt mehr Möglichkeiten, als du vielleicht vermuten würdest. Und: Wintergemüse gehören zu den vitaminreichsten und gesündesten Gemüsearten.

Winteranbau ist nicht gleich Winteranbau. Für den Gemüseanbau über die Winterzeit werden die Arten in unterschiedlich winterharte Gruppen eingeteilt.

1. FROSTHARTE WINTERGEMÜSE

Den „echten" Wintergemüsearten kann der Frost nichts anhaben:

- einige Wirsingsorten
- Feldsalat
- Kohl: Grünkohl, Rosenkohl
- Pastinake
- Schwarzwurzel
- Steckrübe
- Topinambur
- Winterlauch (Winterporree)
- Wurzelpetersilie

2. HERBST- UND LAGERSORTEN

Bedingt frosthart sind Gemüsesorten, die im Herbst lange auf den Beeten bleiben können und mit einem Schutz, zum Beispiel einem Vlies oder einer anderen Abdeckung, auch einige Tage und Nächte mit Minusgraden vertragen. Dazu gehören:

- Knollensellerie
- Kohl: Chinakohl, Weiß- und Rotkohl
- späte Möhrensorten (Lagersorten)
- Radicchio
- Rote Bete
- Winterrettich

Im Übrigen lassen sich diese Gemüse nach der Ernte auch ausgezeichnet für einige Wochen in frostfreien Kellern und Erdmieten lagern (siehe S. 88).

3. ARTEN FÜR DEN GESCHÜTZEN ANBAU

Bei der Nutzung eines Gewächshauses oder von Früh-/Herbst- und Rahmenbeeten mit Abdeckung eröffnen sich viele weitere Möglichkeiten. Diese Beete sollten an einem windgeschützten und sonnigen Platz in deinem Garten stehen. Ich habe die Erfahrung gemacht, dass meist nicht die kalten Nächte

1. Absolut winterhart sind einige Wirsingsorten, Grün- und Rosenkohl. Ihnen machen weder Frost noch Niederschläge etwas aus.

2. Feldsalat kommt auch mit winterlichen Wetterbedingungen zurecht.

3. Noch besser funktioniert der Winteranbau, wenn Salate und hier vor allem die Winterkopfsalate vor häufigen Niederschlägen geschützt sind.

1

2

Geschützt im Rahmenbeet

3

Grünkohl, ein echtes und sehr gesundes Wintergemüse

das Problem sind. Vor allem Salate mögen es vielmehr nicht, wenn sie ständig wechselnden Wetterverhältnissen wie Schnee, Regen und dann wieder sonnigen Tagen ausgesetzt sind. Dann neigen die meisten dazu, matschig und damit unbrauchbar zu werden. Bei nicht zu strengen Frösten und geschütztem Anbau kannst du diese Arten in den Wintermonaten ernten:

- Asiasalate
- Rucola
- Salate: Babyleafsalate, Endivien, Pflücksalate, Winterkopf- und Winterbutterkopfsalate
- Spinat
- Winterportulak (Postelein)

Winterkopfsalate oder Winterbutterkopfsalate wie 'Baquieu', 'Nansen's Noordpool', 'Trémont' oder 'Wintermarie' werden im späten Herbst ausgesät. Sie sind frosthart und bleiben den ganzen Winter auf den Beeten. Zeitig im Frühjahr bilden die Salate geschlossene Köpfe aus. Somit steht ab März oder April der erste frische Salat aus dem eigenen Garten zur Verfügung. Diese Anbaumethode für Salate ist leider (noch) viel zu wenig bekannt.

Vorsicht bei Salaten

Wenn deine Salate nach einer frostigen Nacht einen traurigen Eindruck machen, solltest du nicht in unnötige Aktivitäten verfallen und sie mit warmem Wasser gießen. Das schadet den Wurzeln. Ebenfalls keine gute Idee ist es, bei Frost zu ernten. Hab Geduld, die Salate tauen, ohne Schaden zu nehmen, von allein wieder auf. Gießen solltest du gelegentlich an sonnigen Tagen.

WINTERGEMÜSE

Gemüse	Sorten-Tipps	Monate			Hinweise
		Aussaat	Pflanzung	Ernte	
Asiasalate	Feathergreen, Red Giant, Rouge Metis	III–IX		bis XII	kältertolerant, bei Frost abdecken
Brokkoli	Winterbrokkoli Sprouting	V–VII	VII–VIII	bis V	winterhart, mehrjährig
Endivie	Bubikopf 2	VI–VII	VIII–IX	XI–XII	mit Abdeckung bis Dezember
	Grosse Pancalière	VI–VII	VIII–IX	XI–XII	übersteht leichte Herbstfröste
	Grüner Escariol	VI–VII	VIII–IX	XI–XII	eingeschlagen viele Wochen lagerfähig
	Wallonne	VI–VII	VIII–IX	XI–XII	sehr widerstandsfähig
Feldsalat	Dunkelgrüner Vollherziger, Verte de Cambrai	VIII–IX	X	XI–III	sehr robust
	Wingertsalat	VIII–IX	X	X–III	alte Sorte
	Wollfrüchtiger Feldsalat Kölner Palm	VIII–IX	X	XI–IV	schießt im Frühjahr sehr spät
Grünkohl	Grüner Krauser, Holter Palme, Lerchenzungen, Ostfriesische Palme	IV–VI	VII–VIII	bis III	sehr winterhart
Karotten, Möhren	Chantenay, Gonsenheimer Treib, Milan	VII–VIII		bis XII	bei Frost abdecken
Kopfsalat, Wintersalat	Altenburger Winter, Baquieu, Bunter Kaufunger	VIII–IX	X	III–V	Überwinterung
Lauch, Winterlauch	Blaugrüner Winter, De Carentan 2, Siegfried, Winterriesen	III–IV	V–VI	bis III	sehr winterhart
Mangold	Bright Lights, Rhubarb Chard	ab IV	V	bis XII	bei Frost abdecken
	Schnittmangold Gelber Bündner	IV–VI	IV–VI	bis IV	winterhart
Rauke		VIII–IX		X–XII	bei Frost andecken
Rosenkohl	Groninger, Hilds Ideal, Roodnerf	IV–V	VI–VII	bis III	sehr winterhart
Spinat	Monnopa, Quedlinburger Fortschritt, Winterriesen	VIII–IX		bis IV	sehr winterharte Sorte
Winterhecken-zwiebel	Braunschalige, Rein Weiße	III–V	VI–VII		ausdauernd und winterhart
Winterportulak		VIII–IX		X–III	winterhart, einjähriger Schnittsalat, abdecken
Wirsing	Hammer	III–IV	V–VII	bis XII	übersteht geringen Frost, lagerfähig bis Dezember
	Dauerwirsing (Langedijská), Winterfürst	IV–VI	IV–VI	bis XII	sehr gut lagerfähig

KOPFSALAT

— *Lactuca sativa* (Korbblütler)

AUSSAAT Unter Glas ab Mitte Februar, im Freien von März bis Oktober. Säe lieber weniger, dafür versetzt in Abständen von 14 bis 20 Tagen aus. So werden nie zu viele Köpfe gleichzeitig reif.

AUSPFLANZEN Unter Glas ab Mitte Februar, im Freien von März bis Oktober – je nach Sorte. Platzbedarf: 30 × 30 cm.

ANBAU Der Boden sollte locker und humusreich sein. Setze die Jungpflanzen nicht zu tief, damit die unteren Blätter nicht faulen und der Kopf leicht abgeschnitten werden kann. Boden bei Bedarf lockern, gießen und ein- bis zweimal einen organischen Dünger verabreichen.

ERNTE & VERWENDUNG Die Köpfe werden von April bis November als Ganzes geerntet und sind nur für den Frischverzehr geeignet.

SORTEN-TIPPS Frühjahrssalate: 'Maikönig', 'Briweri', 'Zulu'. Wintersalate: 'Winterkönig', 'Winter-Butterkopf', 'Baquieu'.

PFLÜCK-, SCHNITTSALAT

— *Lactuca sativa* var. *crispa* (Korbblütler)

AUSSAAT Unter Glas ab Mitte Februar, im Freien von März bis Oktober. Schnittsalat immer an Ort und Stelle säen.

AUSPFLANZEN Unter Glas ab Mitte Februar, im Freien von März bis Oktober – je nach Sorte. Platzbedarf: 30 × 30 cm.

ANBAU Pflücksalate sind ideal, damit für einen langen Zeitraum Salat vorhanden ist. Schnittsalat eignet sich wunderbar, um freiwerdende Lücken in den Beeten zu schließen. Bodenansprüche und Pflege wie bei Kopfsalat.

ERNTE & VERWENDUNG Bei Pflücksalaten nur die äußeren Blätter von April bis November ernten. Schneide sie mit ca. 10 cm Größe ab und lass das Herz stehen. Schnittsalat wird einige Zentimeter über dem Boden abgeschnitten und treibt noch einige Mal nach. Nur für den Frischverzehr geeignet.

SORTEN-TIPPS Pflücksalate: 'Salat Bowl', 'Lollo Biondo'. Schnittsalate: 'Schwäbischer Gelber', 'Amerikanischer Brauner', 'Hohlblättriger Butter'.

ROMANASALAT

— *Lactuca sativa* var. *longifolia* (Korbblütler)

AUSSAAT Unter Glas ab Mitte Februar im Freien von April bis Juli.

AUSPFLANZEN Unter Glas ab März, im Freien von Mai bis Juli. Platzbedarf: 35 × 30 cm.

ANBAU Die Pflanzen werden bis zu 40 cm hoch und bilden elliptische oder ovale Köpfe. Die Blätter sind leicht wellig und haben eine markante Blattrippe. Pflanze diesen Salat am besten an einem sonnigen Standort mit einem humosen und nährstoffreichen Boden. Zur Pflege harke die Erde immer wieder auf und halte sie feucht.

ERNTE & VERWENDUNG Schneide die Köpfe komplett ab. Dann löse die äußeren Blätter zur Verwendung als Salat. Die festen, inneren Strünke können gekocht verwendet werden. Nur für den Frischverzehr geeignet.

SORTEN-TIPPS 'Kasseler Strünkchen', 'Paris Island Cos', 'Valmaine'.

EISBERGSALAT

— *Lactuca sativa* var. *capitata* (Korbblütler)

AUSSAAT Unter Glas ab Februar bis April, im Freien von April bis Juli.

AUSPFLANZEN Unter Glas ab April, im Freien von Mai bis Juli. Jungpflanzen nicht zu tief setzen, auf genügend Feuchtigkeit achten. Platzbedarf: 30 × 35 cm.

ANBAU Das besondere Merkmal ist die Fähigkeit, mit unterschiedlichen Temperaturen sehr gut umgehen zu können. Für den Sommeranbau geeignet, da er warmes Klima bevorzugt und wenig zum Schießen neigt. Für optimales Wachstum den humusreichen und nährstoffreichen Boden gut lockern. Köpfe nur im Wurzelbereich gießen.

ERNTE & LAGERUNG Zum Verzehr die äußeren Blätter wegnehmen. Die festen, fast geschlossenen Köpfe können bis zu 1 kg schwer werden. Im Kühlschrank sind sie ein bis zwei Wochen haltbar.

SORTEN-TIPPS 'Barcelona', 'Mythos', 'Regina dei Ghiacci', 'Laibacher Eis', 'Saladin'.

BATAVIA

— *Lactuca sativa* var. *capitata* (Korbblütler)

AUSSAAT Unter Glas ab Ende Februar, im Freien von März bis Juli.

AUSPFLANZEN Unter Glas ab März, im Freien von März bis Juli. Platzbedarf: 30 × 30 cm.

ANBAU Am besten in sonniger oder halbschattiger Lage. Schlechte Witterung wird vertragen. Der Boden sollte locker und durchlässig sein und immer feucht gehalten werden.

ERNTE & LAGERUNG Von April bis Oktober entweder einzelne Blätter oder den ganzen Kopf ernten. Nur für den Frischverzehr geeignet.

SORTEN-TIPPS Batavia ist eine Züchtung aus Kopf-, Eisberg- und Eichblattsalat. Es gibt grünliche und rötliche Sorten. Der Geschmack variiert von mild bis herzhaft-kräftig. Die Blätter sind mehr oder weniger gekräuselt und oft von blasiger Struktur. Meine Empfehlungen: 'Blonde de Paris', 'Maravilla de Verano', 'Emmi', 'Saragossa', 'Tarengo', 'Kamalina'.

ENDIVIE

— *Cichorium endivia* (Korbblütler)

AUSSAAT Sommerendivie unter Glas ab Ende Mai, im Freien von Mai bis Juni. Nicht zu früh aussäen, sonst besteht die Gefahr, dass nur wenige Blätter und stattdessen Blüten gebildet werden. Winterendivie im Freien von Juli bis August.

AUSPFLANZEN Unter Glas ab September, im Freien von Juli bis August. Endivie ist ideal als Nachkultur, wenn die Sommergemüse abgeerntet wurden. Platzbedarf: 35 × 35 cm. Endivie bildet keine Köpfe, sondern wächst eher flach und benötigt entsprechend Platz.

ANBAU Unterschieden wird zwischen Endivien mit glatten Blättern (Eskariol), die kälteresistenter sind, und Endivien mit gekrausten Blättern (Frisée). Weiter unterschieden wird je nach Anbauzeitraum zwischen Sommer- und Winterendivien.

ERNTE & LAGERUNG Endivie wird komplett geerntet. Einige Sorten sind luftig eingeschlagen viele Wochen lagerfähig.

SORTEN-TIPPS Frosthart: 'Grüner Escariol', 'Winterendivie Grosse Pancalière', 'Bubikopf 2'; bedingt frosthart: 'Wallone'.

RADICCHIO

— *Cichorium intybus* var. *foliosum* (Korbblütler)

AUSSAAT Unter Glas ab Mitte März, im Freien Mitte Mai bis Ende Juni. Mit Voranzucht gelingt der Anbau am besten.

AUSPFLANZEN Unter Glas ab April, im Freien von Mai bis Juli. Etwa sechs Wochen nach der Aussaat sollten die Sämlinge so groß sein, dass sie ab Mitte Mai in das Beet können. Platzbedarf: 25 × 30 cm.

ANBAU An einem sonnigen bis halbschattigen Platz, der gut mit Nährstoffen versorgt ist. Zu viel Stickstoff kann leicht zum Blattrandbrand führen.

ERNTE & LAGERUNG Die Erntezeit ist von September bis ins Frühjahr, sobald sich ein festes, gut ausgefärbtes Herz entwickelt hat. Die typischen rotvioletten Töne entwickeln sich erst bei kälteren Temperaturen. Du kannst einzelne Blätter entnehmen oder den ganzen Salat abschneiden und im Kühlschrank bis zu vier Wochen aufbewahren.

SORTEN-TIPPS 'Rosso di Verona', 'Variegata di Castelfranco', 'Palla Rossa'.

ZUCKERHUT

— *Lactuca sativa* (Korbblütler)

AUSSAAT Unter Glas und im Freien von Mitte Juni bis Mitte Juli.

AUSPFLANZEN Unter Glas und im Freien von August bis September. Platzbedarf: 30 × 40 cm.

ANBAU Perfekte Nachfrucht nach Sommergemüse, ideal für den Herbst- und Winteranbau. Damit der Zuckerhut seine Pfahlwurzeln ausbilden kann, benötigt er einen tiefgründigen und humosen Boden in einer sonnigen Lage.

ERNTE & LAGERUNG Sobald sich die Köpfe fest anfühlen, kannst du den Salat in Bodennähe komplett abschneiden. Die Erntezeit beginnt ab September und dauert, wenn er abgedeckt wird, bis in den Dezember hinein. Zuckerhut hat eine hervorragende Lagerfähigkeit. Kühl, dunkel, mit Wurzel ausgegraben und in feuchter Erde eingeschlagen kann er bis in den Februar gelagert werden.

SORTEN-TIPPS 'Jupiter F1', 'Nettuno TT', 'Auslese'.

RAUKE

— *Eruca sativa, Diplotaxis tenuifolia* (Kreuzblütler)

AUSSAAT Unter Glas ab Mitte Januar, im Freien von April bis September. Voranzucht in Schalen möglich oder Direktsaat an Ort und Stelle.

AUSPFLANZEN Unter Glas ab Mitte März, im Freien von April bis September. Platzbedarf: 15 × 20 cm.

ANBAU Die Salatrauke ist einjährig und entwickelt bis zu 15 cm lange Blätter. Diese werden bei der mehrjährigen Wilden Rauke bis zu 70 cm lang. Vor der Aussaat und zur weiteren Pflege sollte der Boden gelockert und immer feucht gehalten werden. Das ist der effektivste Schutz vor Erdflöhen.

ERNTE & LAGERUNG Schneide die Blätter mit ihrem scharfen und würzigen Geschmack etwa 3 bis 4 cm über dem Boden ab, wenn diese max. 15 cm lang sind und vor der Blüte. Dann wachsen diese noch einige Male nach. Am besten frisch verzehren oder eingeschlagen in feuchtem Küchenpapier für einige Tage im Kühlschrank aufbewahren.

SORTEN-TIPPS Salatrauke 'Ruca', Wilde Rauke 'Lola'.

ASIASALATE

— *Brassica juncea, B. rapa* var. *japonica* (Korbblütler)

AUSSAAT Unter Glas ganzjährig, im Freien von März bis September. Vorziehen in Aussaatschalen, Direktsaat in Reihe oder breitwürfig auf die Beete.

AUSPFLANZEN Unter Glas ganzjährig, im Freien von April bis Oktober. Platzbedarf: 10 × 10 bis 20 cm.

ANBAU In einem geschützten Beet das ganze Jahr über möglich, da die meisten Sorten weitgehend winterhart sind. Zur Vermeidung der Kohlhernie Asiasalate nur alle drei bis vier Jahre an der gleichen Stelle anbauen. Bewährt hat sich eine Mischkultur mit Tagetes und Pflücksalat zur Abwehr der Erdflöhe.

ERNTE & LAGERUNG Du kannst die Blätter als Baby-Leaf-Salat mit einer Blattlänge von 5 bis 10 cm ernten. Die Blätter treiben erneut aus, wenn du das Herz stehen lässt. Alternativ größere Blätter komplett abschneiden.

SORTEN-TIPPS 'Mizuna' mit mildem Kohlgeschmack, 'Mibuna' und 'Wasabina' mit leicht scharfer Meerrettichnote und 'Red Giant', der würzig und eher scharf schmeckt.

WINTERPOSTELEIN

— *Claytonia perfoliata* (Quellkrautgewächse)

AUSSAAT Unter Glas und im Freien von August bis März. Zum Keimen benötigen die Samen einen Kältereiz, die optimale Keimtemperatur liegt bei 8 bis 12 °C.

AUSPFLANZEN Unter Glas und im Freien von September bis März/Februar. Platzbedarf: 5 × 10 bis 15 cm.

ANBAU Nährstoffreicher, humoser und lockerer Boden. Wenn er mit reifem Kompost angereichert wurde, benötigt man während der Kulturzeit keine weiteren Düngergaben. Wichtig ist eine ausreichende Wasserversorgung, da die flachen Wurzeln nur an Oberflächenwasser gelangen.

ERNTE & LAGERUNG Von Oktober bis April. Schneide die Blätter etwa 2 cm über dem Boden ab. So wird die Pflanze angeregt, bis zu viermal erneut Blätter zu bilden. Am besten verwendest du diese frisch. Ich habe auch schon mit einem feuchten Tuch abgedeckte Blätter eine Woche im Kühlschrank ohne sichtbare Verluste aufbewahrt.

FELDSALAT

— *Valerianella locusta* (Baldriangewächse)

AUSSAAT Unter Glas und im Freien von Juli bis Oktober. Voranzucht ist zu empfehlen, alternativ Direktsaat in Reihen oder breitwürfig auf die Beete.

AUSPFLANZEN Unter Glas und im Freien im September und Oktober. Platzbedarf: 10 × 10 cm.

ANBAU Ich setze immer zwei Jungpflanzen zusammen und lasse zu den nächsten beiden etwa 8 cm Abstand. Nicht zu tief setzten, das erleichtert die Ernte erheblich.

ERNTE & LAGERUNG Erste Ernte ab Ende September (bei Aussaat im Juli/August). Bei späteren Aussaaten beginnt die Ernte ab Ende Oktober. Feldsalat ist winterhart und kann, wenn er mit Abdeckung oder einem Vlies geschützt ist, noch bis in den März geerntet werden. Verwende der Salat frisch und ernte an hellen Tagen am Nachmittag, da der Feldsalat in der dunklen Jahreszeit Nitrat in den Blättern anreichert.

SORTEN-TIPPS 'Elan', 'Verte de Cambra', 'Vit'.

SPINAT

— *Spinacia oleracea* (Gänsefußgewächse)

AUSSAAT Unter Glas von Februar bis Mai, im Freien von März bis Mai oder von August bis September. Du kannst Spinat in Anzuchtschalen vorziehen oder direkt an Ort und Stelle säen.

AUSPFLANZEN Unter Glas von März bis Mai, im Freien von März bis Mai oder von August bis September. Vorgezogene Pflanzen können nach ca. drei Wochen ausgepflanzt werden. Platzbedarf: 10 × 25 cm.

ANBAU Anbau nur im Frühjahr oder Herbst. In den Sommermonaten gehen die meisten Sorten zu schnell in Blüte. Wenn eine gute Versorgung mit Nährstoffen vorhanden ist, sind keine weiteren Düngergaben erforderlich. Nur Beikräuter jäten, Boden lockern und gießen.

ERNTE & LAGERUNG Schneide die Blätter in Bodennähe ab. Maximal zwei Tage im Kühlschrank in einem feuchten Tuch eingewickelt lagerbar..

SORTEN-TIPPS Frühjahrsanbau: 'Butterfly', 'Gammason', 'Matador', Herbstanbau: 'Winterriesen'.

MANGOLD

— *Beta vulgaris* subsp. *vulgaris* (Gänsefußgewächse)

AUSSAAT Unter Glas im Februar/März, im Freien von April bis August.

AUSPFLANZEN Unter Glas im März/April, im Freien von April bis September. Platzbedarf: 30 bis 40 × 40 cm.

ANBAU Keine Ansprüche an Boden und Pflege.

ERNTE & LAGERUNG Von Juli bis Dezember (bei leichten Frösten). Besonders die Sorten mit grünen Blättern kommen mit kalten Temperaturen gut zurecht. Ich schneide immer nur die äußeren Blätter ca. 5 cm über dem Boden ab. Wenn das Herz stehen bleibt, treibt Mangold immer wieder nach. Am besten erst kurz vor der Verwendung ernten. Bei Blatt- und Schnittmangold werden ausschließlich die Blätter verwendet, bei Stielmangold ebenso der Stiel.

SORTEN-TIPPS Blattmangold: 'Lukullus', Schnittmangold 'Gelber Bünder', Stielmangold: 'Walliser', 'Bright Lights', 'Rainbow'.

STANGENSELLERIE

— *Apium graveolens* var. *dulce* (Doldenblütler)

AUSSAAT Unter Glas ab Ende Februar und im März, im Freien im April/Mai.

AUSPFLANZEN Unter Glas im April, im Freien Mitte Mai, nach den Eisheiligen. Platzbedarf: 40 bis 50 × 40 cm.

ANBAU Lockerer, nährstoffreicher Boden in sonniger Lage. Erde gleichmäßig feucht halten. Der Starkzehrer kann ausgezeichnet mit Kompost, Hornmehl, Bokashi-Pellets oder Brennnesseljauche gedüngt werden. Halte eine drei- bis vierjährige Anbaupause auf demselben Standort ein.

ERNTE & LAGERUNG Die Erntezeit ist von Juni bis Dezember. Verwendet wird der kräftige Stiel mit den relativ kleinen Blättern. Du kannst die Blätter roh, in Säften und Smoothies oder auch gedünstet nutzen. Stangensellerie kann im Gemüsefach des Kühlschranks bis zu sieben Tage aufbewahrt werden.

SORTEN-TIPP 'Tall Utah'.

GARTENMELDE

— *Atriplex hortensis* (Fuchsschwanzgewächse)

AUSSAAT Im Freien von März bis Juli direkt an Ort und Stelle. Empfehlenswert ist die Aussaat in Abständen von einigen Wochen, damit immer wieder junge und frische Blätter zur Verfügung stehen. Platzbedarf: 20 × 25 cm.

ANBAU Die sehr anspruchslose Gartenmelde kann fast auf jedem Gartenboden angebaut werden und wächst bis zu 2 m hoch – mit grünen, rötlichen oder gelblichen Blättern.

ERNTE & LAGERUNG Die Jungpflanzen können bereits ab einer Größe von 10 cm genutzt werden. Bei den größeren Exemplaren verwende ich nur die Blätter, denn der Stiel hat dann eine holzige Konsistenz. Ich nutze die Blätter und jungen Triebe in Gemüse, als Spinatersatz oder als Komponente meines Gemüsebreis, den du auch einfrieren kannst. Durch ständiges Ernten wird wieder eine neue Blattbildung angeregt.

SORTEN-TIPPS 'Gelb', 'Vollrot' (Foto), 'Rot gestreift', 'Grün', 'Violett'.

PAPRIKA

— *Capsicum annuum* (Nachtschattengewächse)

AUSSAAT Damit die Früchte bei einer fünf- bis sechsmonatigen Kulturdauer reif werden, ist eine frühe Aussaat wichtig: unter Glas im Februar, im Freien im Mai. Paprika benötigen mindestens 22 bis 28 °C, um zu keimen. Die Samen sollten etwa 1 cm mit Anzuchterde bedeckt sein. Die Sämlinge werden pikiert, wenn sich nach den Keimblättern das erste echte Blattpaar gebildet hat. Für die weitere optimale Entwicklung ist es wichtig, dass die Jungpflanzen etwas kälter gestellt werden. Willst du Samen gekaufter Früchte für den eigenen Anbau nutzen, sollte es sich um samenfeste Sorten aus dem Bio-Anbau handeln. Bei konventionellen Paprika handelt es sich fast ausschließlich um F1-Hybriden. Die neuen Pflanzen können andere Eigenschaften aufweisen.

AUSPFLANZEN Unter Glas im April, im Freien erst Mitte/Ende Mai, nach den Eisheiligen, wenn keine Nachtfröste mehr zu erwarten sind. An warmen, sonnigen Tagen solltest du beginnen, die kleinen Paprikapflänzchen langsam abzuhärten, bevor du sie auspflanzt (siehe S. 55). Platzbedarf: 40 bis 50 × 60 cm.

ANBAU Pflanzen an einem Stab fixieren, sonst kann der Stängel mit den schweren Früchten umknicken. Damit sich viele Paprikafrüchte bilden, ist ein nährstoffreicher Boden, der alle zwei bis drei Wochen eine zusätzliche Düngergabe erhält, wichtig, beispielsweise mit organischem Flüssigdünger, Kompost oder Brennnesseljauche. Das Entfernen der ersten Blüte (Königsblüte), die zwischen Haupt- und erstem Seitentrieb gebildet wird, soll zu mehr Fruchtbildung führen.

ERNTE & LAGERUNG Sobald die Früchte reif sind und sich verfärbt haben, etwa ab Juli, können diese vorsichtig abgeschnitten oder abgebrochen werden. Sie eignen sich für den Frischverzehr, sind bis zu einer Woche im Kühlschrank lagerfähig.

SORTEN-TIPPS Rote Sorte: 'Liebesapfel', gelbe Sorte: 'Alfonsina', Minipaprika: 'Fritz'.

1. Pflanzen mit einem Stab stützen
2. 'Sweet Dreams'

1

2

CHILI

— *Capsicum frutescens* (Nachtschattengewächse)

AUSSAAT Unter Glas im Februar, im Freien im Mai. Die Keimtemperatur sollte bei 22 bis 24 °C liegen. Die Keimung kann bis zu vier Wochen dauern. Um das Keimen zu beschleunigen, lege ich die Samen vorher ein bis zwei Tage lang in Wasser oder Kamillentee.

AUSPFLANZEN Unter Glas im April, im Freien ab Mitte/Ende Mai, nach den Eisheiligen. Platzbedarf: 40 bis 50 × 60 cm.

ANBAU Stelle oder pflanze sie an einen möglichst warmen, sonnigen, windgeschützten Standort. Die weiteren Pflegemaßnahmen sind mit dem Paprikaanbau identisch. Je trockener die Chilipflanze gegen Ende der Wachstumszeit steht, desto schärfer werden die Früchte. Wenn du deine Lieblingssorten nicht jedes Jahr neu aussäen möchtest, probiere doch mal, sie zu überwintern. Dazu schneide ich die Pflanze moderat zurück und entferne zu dicht stehende Zweige. Somit kann die Luft gut zirkulieren und die Gefahr von Pilzerkrankungen wird minimiert. Als Winterstandort ist ein Ort geeignet, an dem kein Frost droht wie Gewächshaus, Wintergarten oder ein helles Treppenhaus. Je wärmer die Pflanzen stehen, je größer wird die Gefahr von Schädlingsbefall. Ab und zu gießen!

ERNTE & LAGERUNG Zunächst sind die Früchte grün. Nach und nach verfärben sie sich sortenbedingt gelb, rot, manche bleiben auch grün. Sie eignen sich für den Frischverzehr, zur Herstellung von Soßen, zum Trocknen und zur Weiterverarbeitung zu Chilisalz oder Gewürzmischungen.

SORTEN-TIPPS Chili hat wesentlich schärfere Früchte als Paprika. Du hast die Wahl unter einigen Tausend unterschiedlich scharfen Sorten. Neben dem Schärfegrad werden die Sorten auch unterschiedlich hoch. 'De Cayenne' (Schärfegrad 6), 'Lila Luzi' (Schärfegrad 7, verschiedenfarbige Früchte), 'Habanero orange' (Schärfegrad 10).

1. 'Lila Luzi'
2. 'Biquinho'

1

2

TOMATEN

— *Solanum lycopersicum* (Nachtschattengewächse)

AUSSAAT Voranzucht unter Glas im März und April. Beginne nicht zu früh mit der Aussaat, bei zu wenig Licht werden die Sämlinge instabil.

AUSPFLANZEN Unter Glas im April, im Freien ab Mitte Mai bis Juni, wenn die Temperaturen nicht mehr unter 10 °C absinken. Platzbedarf: 60 bis 80 × 80 bis 100 cm.

ANBAU Tomaten können im Gewächshaus, im Freien und auch gut in Töpfen angebaut zu werden. Hierfür sind besonders Busch-, Cocktail- und Cherrytomaten, und bei viel Platz auch Stabtomaten geeignet. Entscheidend für den gelungenen Anbau in Töpfen sind nährstoffhaltige Erde und ausreichend große Gefäße. Stabtomaten benötigen pro Pflanze 20 bis 30 l, bei Buschtomaten reichen auch etwas kleinere Töpfe. Hebe das Pflanzloch doppelt so groß wie den Wurzelballen aus und stelle mit Kompost, Bokashi oder Hornspänen eine gute Grundversorgung sicher. Setze deine Tomaten etwas schräg und einige Zentimeter tiefer ein, als sie im Topf standen. Das führt dazu, dass sie viele neue Wurzeln bilden. Als Stütze eignen sich Stäbe, spezielle Rankgerüste oder Schnüre. Eine gleichmäßige Wasserversorgung – nicht über die Blätter! – ist wichtig, dazu sind Ollas perfekt geeignet. Alle drei bis vier Wochen eine zusätzliche Nährstoffgabe mit Tomatendünger oder Brennnessel- bzw. Beinwelljauche verabreichen. Geiztriebe ausbrechen, die sich in den Blattachseln bilden.

ERNTE & LAGERUNG Von Juli bis Oktober die reifen Früchte abschneiden oder abdrehen. Tomaten sind für den Frischverzehr, zum Trocknen und für Saucen geeignet. Lagerung für einige Tage bei Zimmertemperatur. Nur im gekochten Zustand einfrieren.

SORTEN Es gibt weltweit einige Tausend Sorten, die in Gruppen eingeteilt sind: Stabtomaten, Busch-/Strauchtomaten, Cocktailtomaten, Kirsch-/Cherry-Tomaten, Eiertomaten, Fleischtomatensorten, Paprika-Tomaten, Wildtomaten.

1. 'Tigertomate'
2. 'Paulinchen'

1

2

AUBERGINE

— *Solanum melongena* (Nachtschattengewächse)

AUSSAAT Unter Glas Ende Januar bis Anfang März, im Freien im Mai. Die Samen brauchen bis zu 28 Tage zum Keimen.

AUSPFLANZEN Unter Glas im April, im Freien Ende Mai. Platzbedarf: 50 x 60 cm.

ANBAU Möglichst warmer Platz im Beet oder Kübel (10 bis 20 l). Die Mittelzehrer bei der Pflanzung mit einem Langzeitdünger versorgen. Mit einem Stab bzw. Schnüren stabilisieren, da sie bis zu 1,5 m hoch wachsen. Du kannst sie ein- oder zweitriebig in die Höhe leiten. Weitere Seitentriebe brechen ich nach einer Blüte und einem darüberliegenden Blatt ab. Bei Spinnmilbenbefall im Gewächshaus hilft Kaliseife.

ERNTE & LAGERUNG Die Früchte reifen ab Ende Juli nach und nach. Reife Früchte erkennt man an der tiefschwarzen, glänzende Schale. Frisch verwenden oder einige Tage an einem schattigen Platz in der Küche aufbewahren.

SORTEN-TIPPS 'De Barbentane', 'Zora', 'Lea'. Für Töpfe: Mini Aubergine: 'Jackpot F1'.

GURKE

— *Cucumis sativus* (Kürbisgewächse)

AUSSAAT Unter Glas von Ende März bis April, im Freien im Mai. Direkt säen, da Gurken nicht gern umgepflanzt werden.

AUSPFLANZEN Unter Glas im April oder Mai (ca. drei Wochen nach der Aussaat), im Freien von Mai bis Juni, wenn sie zwei bis drei Laubblätter besitzen. Platzbedarf: 60 x 100 cm.

ANBAU Als Starkzehrer bekommen sie bei der Pflanzung eine Handvoll Schafwollpellets und Hornspäne mit ins Pflanzloch. Bei veredelten Pflanzen muss die Veredlungsstelle über der Erde bleiben. Schlangengurken benötigen eine Rankhilfe, Feldgurken werden einfach im Boden angebaut. Die Flachwurzler brauchen viel Wasser, Ollas eignen sich perfekt. Im Gewächshaus auf Spinnmilben und Mehltau achten.

ERNTE & LAGERUNG Nicht zu groß werden lassen. Sie schmecken kleiner besser und die Ernte regt die Bildung neuer Früchte an. Gekühlt bis zu zwei Wochen haltbar.

SORTEN-TIPPS Schlangengurken: 'Helena' (Gewächshaus), 'Tanja' (Freiland), Feldgurken: 'Vorgebirgstrauben'.

ZUCCHINI

— *Cucurbita pepo* var. *giromontiina* (Kürbisgewächse)

AUSSAAT Unter Glas im April, im Freien im Mai, 2 bis 3 cm tief. Bei Voranzucht gleich in größere Töpfe säen, damit nicht pikiert werden muss. Nutze nur gekauftes Saatgut, um eine Kreuzung mit Zierkürbissen zu vermeiden (giftige Früchte!).

AUSPFLANZEN Im Freien ab Mitte Mai (ca. vier Wochen nach der Aussaat), sobald die letzten Nachtfröste vorbei sind, alternativ nachts mit einer Haube abdecken. Platzbedarf: 100 × 100 cm.

ANBAU Pflanze deine Zucchini an einen sonnigen Platz ins Beet oder Hochbeet. Bei Anbau in Kübeln sollten diese 30 bis 40 l umfassen und Wasserabzugslöcher haben. Unten in den Kübel kommt eine Drainageschicht aus Lavasteinen, Kies oder Teilen zertrümmerter Tontöpfe hinein, darauf Gemüseerde bzw. ein Gemisch aus Kompost und Gartenerde sowie ein Langzeitdünger. Zucchini bilden männliche und weibliche Blüten aus, manchmal zeitversetzt. Ich setze daher immer zwei bis drei Pflanzen mit entsprechendem Abstand nebeneinander. So gelingt die Befruchtung am sichersten. Für den Starkzehrer sollte der Boden gut mit Nährstoffen, z. B. Kompost, versorgt sein. Deshalb ist der absolute Lieblingsplatz meiner Zucchini direkt in der Nähe des Kompostplatzes am Kompost-Hochbeet. Zur weiteren Pflege im Beet genügt eine ausreichende Wasserversorgung und alle zwei bis drei Wochen eine organische Düngergabe, z. B. mit Brennnessel- bzw. Beinwelljauche. Fast unvermeidbar ist, dass sich zum Ende der Kulturzeit ein Befall mit Mehltau einstellt.

ERNTE & LAGERUNG Spätestens mit einer Länge von ca. 20 cm abschneiden oder vorsichtig abdrehen. Möglichst frisch verwerten. Die Früchte können in geeigneten Räumen bei 12 bis 15 °C einige Tage gelagert werden. Ungeeignet ist dagegen der Kühlschrank.

SORTEN-TIPPS 'Zuboda', 'Cocozelle von Tripolis'.

1. 'Cocozelle von Tripolis'
2. 'Solara'

1

2

KÜRBIS

— *Cucurbita maxima, Cucurbita moschata, Cucurbita pepo* (Kürbisgewächse)

AUSSAAT Unter Glas ab April, im Freien Mitte bis Ende Mai in einem Gemisch aus Aussaaterde und Komposterde (1:1). Die Samen kommen gleich in 11er Pflanztöpfe, in denen sie bis zum Auspflanzen bleiben können. Von der Aussaat bis zum Auspflanzen solltest du ca. vier Wochen einplanen.

AUSPFLANZEN Im Freien Mitte Mai, wenn die Jungpflanzen nach den Keimblättern drei echte Blätter ausgebildet haben. Platzbedarf: 2 bis 3 m² pro Pflanze.

ANBAU Ein optimaler Platz ist sonnig und sehr gut mit Nährstoffen versorgt. Am besten gefällt es Kürbissen deshalb direkt auf einem Kompostplatz oder in einem Kompost-Hochbeeet, wo immer genügend Nährstoffe vorhanden sind. Kürbisse kann man auch zum Beschatten und somit zur Verhinderung eines starken Bewuchses einer Fläche anpflanzen, die erst später benötigt wird. Dann reicht als weitere Pflege aus, dass du der großen Blattmasse genügend Wasser zur Verfügung stellst.

ERNTE & LAGERUNG Wann der Kürbis sicher erntereif ist, erkennst du mit etwas Erfahrung anhand einer Klopfprobe; ein reifer Kürbis klingt hohl. Bei 10 bis 15 °C in einem gut gelüfteten Raum sind Kürbisse monatelang lagerfähig. Für die Lagerung gebe ich unversehrte Kürbisse mit Stiel in Kisten mit Stroh oder Holzwolle.

SORTEN-TIPPS Du kannst unter mehreren Hundert Sorten auswählen. Sie unterscheiden sich sehr deutlich in Größe, Form und Farbe, z. B. 'Hokkaido', 'Butternut', Riesenkürbis 'Atlantic Giant'.

'Hokkaido'

BUSCHBOHNEN

— *Phaseolus vulgaris* var. *nanus* (Schmetterlingsblütler)

AUSSAAT Unter Glas von März bis Mai mehrere Samen in größeren Töpfen. Im Freien von Mitte Mai bis Juni als Horstsaat mit je vier bis sieben Samen, alternativ in Mischkultur in Reihen (Pflanzabstand 3 bis 5 cm). Saattiefe ca. 2 cm. Samen vorher über Nacht in Wasser legen. Versetzt aussäen für lange Ernte.

AUSPFLANZEN Erst ab Mitte Mai bis Juni ins Freie setzen. Platzbedarf pro Horst: 30 × 30 cm.

ANBAU Lockerer, tiefgründiger Boden. Bei Anbau in der Reihe benötigen die Pflanzen eine Stütze zum Anlehnen. Anhäufeln sorgt für noch mehr Halt. Ausreichend mit Wasser versorgen. Bohnen sind in der Lage, Stickstoff aus der Luft aufzunehmen. Somit entfällt das Nachdüngen.

ERNTE & LAGERUNG Von Juli bis September. Möglichst jung ernten, dadurch werden immer wieder neue Hülsen gebildet. Nicht roh verzehren!

SORTEN-TIPPS 'Saxa', 'Maxi', 'Hinrichs Riesen', 'Purple Teepee', 'Delinel', 'Wachs Beste von Allen'.

STANGENBOHNEN

— *Phaseolus vulgaris* var. *vulgaris* (Schmetterlingsblütler)

AUSSAAT Unter Glas im April/Mai, im Freien von Mitte Mai bis Juni: fünf bis sieben Samen 2 cm tief um das Rankgerüst legen. Wichtig: Vorher alte Pflanzen- und Mulchreste aus dem Beet entfernen als Vorbeugung gegen die Bohnenfliege.

AUSPFLANZEN Im Freien von Mitte Mai bis Juni. Abstand: Zwischen den Samen 10 cm, zwischen den Stangen 30 bis 50 cm.

ANBAU Bodenansprüche und Pflege wie bei Buschbohnen. Möglichst nicht nach Erbsen anbauen. Stangenbohnen benötigen eine mindestens 1,80 m hohe Rankhilfe – Holz- oder Bambusstangen oder ein Gerüst aus Metall mit Teleskopauszug und verrottbaren Hanfschnüren. Mischkultur mit Bohnenkraut hält die Schwarze Bohnenlaus in Schach.

ERNTE & LAGERUNG Von Juli bis September alle paar Tage die Hülsen ab einer Größe von ca. 15 cm vorsichtig abschneiden.

SORTEN-TIPPS 'Blauhilde', 'Goldfield', 'Margret', 'Perle von Marbach', 'Neckarkönigin', 'Helda', 'Neckargold'.

ERBSEN

— *Pisum sativum* (Schmetterlingsblütler)

AUSSAAT Unter Glas von Februar bis März, im Freien von März bis Anfang Juli. Der Aussaatzeitpunkt ist sortenabhängig. Samenkörner etwa 5 cm tief und im Abstand von ca. 4 cm in Rillen säen, am besten mit einem Aussaatlineal. Damit die Samen schneller und zuverlässig keimen, hilft es, sie einige Stunden in ein Wasserbad zulegen.

AUSPFLANZEN Im Freien von März bis Mai, je nach Schutzmöglichkeiten. Platzbedarf: 5 × 30 cm.

ANBAU Der Anbau von Erbsen gelingt auf den allermeisten Böden problemlos. Sie gehören zu den Schwachzehrern und können sogar Stickstoff aus der Luft in ihre Wurzelknöllchen einlagern. Somit ist keine Nachdüngung nötig. Nach dem Abernten sollten die Wurzeln im Boden bleiben, damit die Nährstoffe für nachfolgende Starkzehrer, z. B. Kohlgewächse, zur Verfügung stehen. Manche Sorten benötigen eine Rankhilfe. Erbsen gedeihen auch in einem Pflanzgefäß auf Balkon oder Terrasse. Erbsen werden unterschieden in:

Markerbsen: Benötigen zur Aussaat einen warmen Boden, deshalb etwas später säen. Die Samen sind leicht eckig und schrumpelig. Die reifen Erbsen sind für den Frischverzehr, zum Einkochen und Einfrieren geeignet.
Pal- oder Schalerbsen: Hier sind die Saaterbsen groß, rund und glatt. Genutzt werden sie gepuhlt vor allem zum Kochen für Gemüse und Suppen.
Zuckererbsen: Die reifen Hülsen schmecken wunderbar süß und sie eignen sich direkt zum Naschen am Beet oder blanchiert in der Pfanne.

ERNTE & LAGERUNG Von Mai bis Juli. Zum Lagern geeignet sind nur Pal- und Markerbsen. Tipp: Wenn du mal zu viele oder ältere Samen findest, einfach in einem Topf aussäen und als Microgreens ernten.

SORTEN-TIPPS Markerbsen: 'Wunder von Kelvedon', Pal- oder Schalerbsen: Allerfrüheste Mai', 'Kleine Rheinländerin', Zuckererbsen: 'Sweet Horizon' oder 'Ambrosia'.

1. Markerbse 'Salzmünder Edelperle'
2. Zuckererbse 'Norli'

ZWIEBEL

— *Allium cepa* (Amaryllisgewächse)

AUSSAAT Im Freien von Februar bis April.

AUSPFLANZEN Im Freien von April bis Juni (Steckzwiebeln). Ich gebe sie nur so tief in den Boden, dass die obere Spitze noch ein wenig aus dem Boden herausschaut. Platzbedarf: 5 bis 10 × 25 cm.

ANBAU Halte die Beete frei von Beikräutern und gieße bei Bedarf. Zwiebeln spielen in der Mischkultur mit Karotten eine wichtige Rolle, da die Pflanzen gegenseitig die lästigen Zwiebel- und Möhrenfliegen in Zaum halten.

ERNTE & LAGERUNG Verwenden kann man die Schlotten als Beigabe zu Salaten und natürlich die Zwiebeln selbst. Diese können von Juni bis September geerntet werden, wenn die Schlotten verwelken und umknicken. Für die Lagerung ist es wichtig, dass die Zwiebeln vollkommen trocken sind. Aufbewahren lassen sie sich am besten in einen Tontopf.

SORTEN-TIPPS Rot: 'Red Baron', gelb: 'Stuttgarter Riesen', 'Wiener Bronzekugel'.

KNOBLAUCH

— *Allium sativum* (Amaryllisgewächse)

AUSPFLANZEN Unter Glas im Februar/März, im Freien im Februar, März oder September. Zehen ca. 5 cm tief stecken oder in Töpfen vorgezogene Pflanzen ins Beet setzen. Platzbedarf: 10 × 20 cm.

ANBAU Knoblauch wächst ausgezeichnet auf einem lockeren und nährstoffreichen Boden in sonniger Lage. Zu feste Böden führen oft zu Staunässe und zum Faulen der Zehen.

ERNTE & LAGERUNG Die Ernte kann beginnen, wenn die Schlotten braun und gelb geworden sind. Entweder ziehst du den Knoblauch nun vorsichtig aus dem Boden oder hilfst mit einem Spaten etwas nach. Vollkommen getrocknet halten sich die Knollen viele Wochen.

SORTEN-TIPPS Nimm heimische Sorten, sie sind unser Klima gewohnt, im Gegensatz zu Knoblauch aus dem Supermarkt, der meist aus südlichen Ländern kommt. 'Rocambole', 'Flinsberger', 'White Wonder'.

WINTERHECKENZWIEBEL

— *Allium fistulosum* (Amaryllisgewächse)

AUSSAAT Im Freien im März oder August/September.

AUSPFLANZEN Im Freien im April/Mai. Platzbedarf: 10 × 25 cm.

ANBAU Die mehrjährigen, winterharten Winterheckenzwiebeln wachsen auf den allermeisten Böden problemlos und eignen sich als gestalterische Elemente, z. B. eine kleine Hecke entlang von Wegen oder als Abgrenzung. Die Vermehrung ist einfach durch die Teilung der Horste möglich. Die Pflanze schiebt immer wieder neue Blätter nach, die zwar in der Winterzeit absterben, aber im zeitigen Frühjahr neu austreiben. Der Anbau gelingt auch in größeren Gefäßen auf dem Balkon oder der Terrasse. Im August erscheinen die dekorativen, weißen Blüten mit unzähligen Samen.

ERNTE & LAGERUNG Im Gegensatz zu den Zwiebeln verwendet man bei der Winterheckenzwiebel nur die Schlotten, und zwar fast das ganze Jahr hindurch.

SORTEN-TIPP 'Braunschalige'.

LAUCH, PORREE

— *Allium porrum* (Amaryllisgewächse)

AUSSAAT Unter Glas von Februar bis April, im Freien von April bis Juni – je nach Sorte.

AUSPFLANZEN Sommerlauch bis Mitte April, Herbstlauch bis Mitte Juni, Winterlauch bis Mitte August. Platzbedarf: 15 bis 20 × 25 bis 40 cm. Mit einem Setzdorn kommen die jungen, bleistiftdicken Pflanzen in die Erde. Wurzeln vorher einkürzen.

ANBAU Der Starkzehrer benötigt alle drei bis fünf Wochen eine organische Düngergabe. Für weiße Schäfte entweder immer wieder anhäufeln oder Manschette anbringen. Zum Schutz vor der Lauchfliege hilft nur ein Gemüseschutznetz.

ERNTE & LAGERUNG Zum Ernten heble ich den Lauch mit einem Spaten aus dem Boden. Er lässt sich bis zu zwei Wochen im Kühlschrank oder bis zu drei Monaten eingeschlagen in Sand und Erde aufbewahren.

SORTEN-TIPPS Sommerlauch: 'Hilari', Herbstlauch: 'Herbstriesen 2/Hannibal', Winterlauch: 'Blaugrüner Winter/Avano'.

ROTE BETE

— *Beta vulgaris* subsp. *vulgaris* var. *conditiva* (Gänsefußgewächse)

AUSSAAT Unter Glas im April, im Freien von Mai bis Juli. Saattiefe 2 bis 3 cm.

AUSPFLANZEN Im Freien von Mai bis Juli. Platzbedarf: 10 × 25 cm.

ANBAU Damit sich große Knollen entwickeln können, ist ein lockerer und nährstoffreicher Boden sowie genügend Abstand zu den Nachbarpflanzen wichtig (6 bis 10 cm). Knollengemüse sollte grundsätzlich nicht auf Beete gepflanzt werden, auf denen frischer tierischer Dünger ausgebracht wurde. Zum Düngen geeignet ist Brennnessel- bzw. Beinwelljauche.

ERNTE & LAGERUNG Von Juli und bis in den November. Ich nehme zum Lockern des Erdreichs einen Spaten und ziehe die Knollen vorsichtig aus dem Boden. Roh verzehren, einwecken, fermentieren oder in einer Erdmiete bzw. der Waschtrommel für mehrere Wochen lagern.

SORTEN ‘Rote Kugel 2’, ‘Crapaudine’, ‘Tonda di Chioggia’.

MÖHREN

— *Daucus carota* ssp. *sativus* (Doldenblütler)

AUSSAAT Unter Glas von März bis Juni, im Freien von April bis Juli. Saattiefe: 1 bis 2 cm. Die Keimung kann mehrere Wochen dauern oder die Samen gehen nur spärlich auf. Tipp: Mische das Saatgut mit etwas Sand und befeuchte es. Die Samen keimen und bilden feine Wurzeln, die du zusammen mit dem Sand ausbringen kannst. Damit du erkennst, wo gesät wurde, sind Radieschen-Reihen dazwischen eine Hilfe. Platzbedarf: 3 bis 5 × 20 bis 30 cm. Zu dicht stehende Sämlinge rausziehen.

ANBAU Tiefgründiger, lockerer Boden. Eine Alternative ist der Anbau auf einem etwa 30 cm hohen Erdhügel.

ERNTE & LAGERUNG Nicht an einer Stelle viele Karotten entnehmen, sondern in der Reihe an verschiedenen Stellen. Das sorgt für mehr Platz für die übrigen Möhren. Nur grob gereinigt und eingeschlagen in Sand oder der Erdmiete bleiben sie für viele Wochen frisch.

SORTEN-TIPPS Rund: ‘Pariser Markt’, früh reif: ‘Gonsenheimer Treib’, besonders lagerfähig: ‘Rothild’.

PASTINAKE

— *Pastinaca sativa* (Doldenblütler)

AUSSAAT Im Freien von März bis April. Lange Keimdauer – gleichzeitig ausgesäte Radieschen dienen als Markierung.

AUSPFLANZEN Im Freien von April bis Juni. Platzbedarf: 7 bis 10 × 30 cm.

ANBAU Ein lockerer und tiefgründiger Boden ist die beste Voraussetzung, damit sich große, gerade gewachsene Rüben entwickeln können. Zu dicht stehende Sämlinge entnehmen.

ERNTE & LAGERUNG Die Ernte beginnt je nach Aussaat ab September und reicht bis Anfang Dezember. Ich lockere hierzu seitlich die Erde, damit ich die Pastinaken unbeschadet entnehmen kann. Leichter Frost bewirkt einen milderen und aromatischeren Geschmack. Starker Frost verhindert, dass du Rüben aus dem Boden nehmen kannst. In feuchtem Sand eingeschlagen bleiben Pastinaken in einem kühlen, nicht zu trockenen Raum gelagert noch für mehrere Wochen frisch.

SORTEN-TIPPS 'Hunbs', 'Aromata', 'Halblange Turga', 'Schleswiger Schnee', 'White King', 'Tender on True'.

KNOLLENSELLERIE

— *Apium graveolens* var. *rapaceum* (Doldenblütler)

AUSSAAT Unter Glas im Februar, im Freien von April bis Juni.

AUSPFLANZEN Im Freien von Mai bis Juli. Platzbedarf: 40 × 40 cm.

ANBAU Nach den Eisheiligen, Mitte Mai, kommen die Jungpflanzen mit 40 cm Abstand ins Freie. Genügend Raum zwischen den Pflanzen wirkt der Septoria-Blattfleckenkrankheit (Pilz) entgegen, die du an den hellbraunen Flecken mit schwarzen Punkten an den Blättern erkennst. Zur weiteren Pflege solltest du den Starkzehrer während der Kulturzeit zwei- bis dreimal mit Hornspänen oder Brennnesseljauche düngen und ausreichend gießen.

ERNTE & LAGERUNG Von September bis Dezember (vor dem ersten Frost). Die Knolle kann in einem feuchten Tuch eingeschlagen einige Tage im Kühlschrank gelagert werden, alternativ in einer Erdmiete.

SORTEN-TIPPS 'Saxa', 'Balder', 'Athos', 'Ibis', 'Mars', 'Monarch', 'Porthos', 'Hochdahler Markt'.

KNOLLENFENCHEL

— *Foeniculum vulgare* var. *azoricum* (Doldenblütler)

AUSSAAT Unter Glas von Februar bis April, im Freien von April bis Juli. Wenn du dein Gemüse selber vorziehst, plane ca. sechs Wochen von der Aussaat bis zum Auspflanzen ein. Versetzte Aussaaten sorgen für einen langen Erntezeitraum.

AUSPFLANZEN Im Freien von April bis August. Platzbedarf: 30 × 30 cm. Setze die jungen Pflänzchen nicht zu tief, damit sich die Knollen prächtig entwickeln können.

ANBAU Ein lockerer und gut mit Nährstoffen versorgter Boden in halbschattiger, besser sonniger Lage sind optimale Voraussetzungen. Während der Kultur solltest du ein- bis zweimal düngen. Damit die Knollen schön weiß bleiben, deckst du diese etwa zwei Wochen vor dem Ernten mit Mulch ab.

ERNTE & LAGERUNG Bei versetztem Anbau kannst du von Juli bis Oktober immer wieder ernten. Das Gemüse ist bestens für den Frischverzehr geeignet, weniger zum Lagern.

SORTEN-TIPPS 'Doux de Florence', 'Géant Mammouth Perfection', 'Fino'.

WURZELPETERSILIE

— *Petroselinum crispum* subsp. *tuberosum* (Doldenblütler)

AUSSAAT Im Freien im März/April. Platzbedarf: 7 bis 10 × 30 cm.

ANBAU Damit die Wurzelpetersilie gut wachsen kann, benötigt sie lockeren Boden und mindestens 7 cm Abstand zur Nachbarpflanze. Da sie sehr langsam wächst, nimmt sie das Beet während der gesamten Saison (bis ca. Oktober) in Anspruch.

ERNTE & LAGERUNG Du kannst sowohl die nach Petersilie riechenden Blätter als auch die Wurzel verwenden. Wie bei allen Wurzel- und Knollengemüsearten ist es ratsam, zunächst die Erde in der Umgebung zu lockern, damit die Wurzeln unbeschadet geerntet werden können. Die Lagerung erfolgt wie bei den Möhren: Immer etwas Laub an der nur grob gereinigten Wurzel lassen und diese im Erdkeller deponieren oder in einer mit Sand gefüllten Kiste einschlagen.

SORTEN-TIPPS 'Wurzelpetersilie Halblange'.

KARTOFFELN

— *Solanum tuberosum* (Nachtschattengewächse)

VORKEIMEN Saatkartoffeln im Februar in eine Kiste legen und zur Hälfte mit Erde bedecken. Bei 12 bis 15 °C bilden sich in den nächsten Tagen Keimaugen und später erste Blätter.

AUSPFLANZEN Im Freien von Ende März bis Mai: ca. 20 cm tiefe Furche ziehen, Kartoffeln mit Keimaugen bzw. Trieben nach oben ca. 10 cm tief einpflanzen, Furchen schließen. Platzbedarf: 30 bis 35 × 60 bis 70 cm.

ANBAU Für ein kräftiges Wachstum benötigen Kartoffeln einen lockeren, tiefgründigen, sonnigen, warmen Platz. Pflanzen immer wieder anhäufeln für mehr Knollenbildung.

ERNTE & LAGERUNG Je nach Sorte sind die Kartoffeln von Juni bis September erntereif (nach 100 bis 150 Tagen), zu erkennen an den verwelkten Blättern. Mit einer Grabegabel den Boden vorsichtig lockern, um die Kartoffeln unbeschädigt zu ernten. In einer Kiste, lassen sie sich bei 4 bis 12 °C, dunkel, lagern. Keine Äpfel und Birnen daneben lagern!

SORTEN-TIPPS 'Bamberger Hörnchen', 'Linda'.

RADIESCHEN

— *Raphanus sativus* subsp. *sativus* (Kreuzblütler)

AUSSAAT Unter Glas im Februar/März, im Freien im März und von Ende August bis Anfang September: eine Rinne mit ca. 1 cm Tiefe ziehen und direkt säen. Entweder Samen einzeln mit dem richtigen Abstand von 3 bis 5 cm säen oder später zu dicht stehende Sämlinge vereinzeln. Platzbedarf: 3 bis 5 × 10 cm.

ANBAU Im Beet, Frühbeet oder Balkonkasten. Wichtig ist ein lockerer und wasserdurchlässiger Boden. Gleichmäßig feucht halten. Gießt man zu viel, platzen sie oft auf, gießt man zu wenig, neigen sie zum Schießen oder werden holzig. Gelegentlich kommen Erdflöhe oder Blattläuse vor. Wunderbar geeignet, um Lücken im Beet zu nutzen.

ERNTE & LAGERUNG Die Kulturdauer liegt bei sechs bis acht Wochen. Lass die Radieschen nicht zu groß werden, damit diese schön zart bleiben.

SORTEN-TIPPS Historische Sorte: 'Würzburger', für Frühjahrs- und Herbstanbau: 'Cherry Belle'.

RETTICH

— *Raphanus sativus* (Kreuzblütler)

AUSSAAT Unter Glas von Februar bis April, im Freien von März bis August, je nach Sorte. Meist wird Rettich direkt an Ort und Stelle in Reihen und nicht mehr als 2 cm tief gesät.

ANPFLANZEN Unter Glas im März/April, im Freien von April bis September. Platzbedarf: 10 bis 15 × 20 bis 30 cm. Abstand ist wichtig, damit sich große und gerade Rettiche entwickeln.

ANBAU Je nach Anbauzeitraum Sorten für den Frühjahrs- oder Herbstanbau wählen. Der Boden sollte locker und tiefgründig sein. Stelle den Pflanzen immer genügend Wasser zur Verfügung, sonst werden sie scharf und pelzig.

ERNTE & LAGERUNG Lockere vor der Ernte den Boden. Eingeschlagen in feuchten Tüchern oder Papier lassen sich Sommerrettiche zehn bis zwölf Tage, schwarze Winterrettiche einige Monate lagern.

SORTEN-TIPPS Frühlingsanbau: 'Rosa Ostergruß', 'Neckarruhm', 'Dresdner graugelber runder Mai', 'Züricher Markt'. Herbst- und Winteranbau: 'Runder Schwarzer Winter'.

RÜBEN

— *Brassica rapa* subsp. *rapa* (Kreuzblütler)

AUSSAAT Unter Glas im Februar, im Freien von März bis Oktober, ca. 2 cm tief.

AUSPFLANZEN Im Freien von April bis August in nährstoffreichen Boden (Starkzehrer). Platzbedarf: 10 bis 20 × 20 cm bzw. 40 cm (Steckrübe). Nicht zu tief setzen!

ANBAU Lohnenswerte Vor- und Nachkultur. Ab März Direktsaat im Freien, breitwürfig oder in Rillen. Bis die Hauptkulturen ab Mai den Platz benötigen, sind die Rübchen geerntet. Von Juli bis August als Nachkultur von Sommergemüse. Boden locker halten, Beikräuter entfernen und bei Bedarf gießen.

ERNTE & LAGERUNG Junge Rüben von Mai bis Dezember (leichte Fröste sind kein Problem). Bis zu vier Wochen im Kühlschrank aufbewahren, Herbstrüben sind in einer Erdmiete oder in Sand eingeschlagen mehrere Wochen lagerfähig.

SORTEN-TIPPS Frühjahr: 'Mairübchen', Herbst: 'Teltower Rübchen', 'Ulmer Ochsenhörner', 'Bortfelder', Ganzjahresanbau: 'Blanc globe à collet violet'.

BLUMENKOHL

— *Brassica oleracea* var. *botrytis* (Kreuzblütler)

AUSSAAT Unter Glas im Januar/Februar für den geschützten Anbau sowie im März/April für das Freiland, für den Herbstanbau im Juni. Samen nur wenige Millimeter mit Erde bedecken. Sämlinge nach dem Auflaufen kühler (15 bis 18 °C) stellen, damit sie nicht zu schnell in die Höhe wachsen.

AUSPFLANZEN Im geschützen Anbau ab Ende März, im Freien von Mai bis August. Platzbedarf: 50 × 75 cm. Pflänzchen bis zum Ansatz der Keimblätter in die Erde setzen.

ANBAU Nutze die Abstände, um schnellwachsende Kulturen dazwischen anzubauen. Für die frühen Sorten ist ein sonniger Standort wichtig. Bei zu wenig Wasser bilden sich nur kleine Köpfe. Nährstoffreichen Boden zwei- bis dreimal nachdüngen.

ERNTE & LAGERUNG Ein paar Tage vor der Ernte kannst du einige Blätter als Sonnenschutz nach innen binden. Ganze Köpfe abschneiden. Im Kühlschrank ein paar Tage haltbar.

SORTEN-TIPPS 'Erfurter Zwerg', violett: 'Di Sicilia Violetta'. Herbstanbau 'Palla De Neve', besondere Form: 'Romanesco'.

BROKKOLI

— *Brassica oleracea* var. *italica* (Kreuzblütler)

AUSSAAT Unter Glas im Februar/März, im Freien von Mai bis Juli. Samen maximal 1 cm mit Erde bedecken. Sämlinge beim Vereinzeln (Pikieren) etwas tiefer setzen,

AUSPFLANZEN Im Freiland von April bis September mit maximal vier Laubblättern setzen. Zu groß gepflanzte Brokkoli neigen zum Schießen und gehen schnell in die Blüte über. Platzbedarf: 50 × 50 cm.

ANBAU Drei- bis vierjährige Anbaupause für Kreuzblütler einplanen. Anhäufeln für die Bildung neuer Seitenwurzeln. Gegen Erdflöhe hilft es, den Boden zu lockern, feucht zu halten und die Blätter mit Gesteinsmehl zu bestreuen.

ERNTE & LAGERUNG Winterbrokkoli von März bis Mai (nach ca. 90 Tagen), Sommer- und Herbstsorten von Juni bis Oktober (nach ca. 50 Tagen). Schneide die Röschen mit dem Stiel ab, an den Seitentrieben bilden sich neue Röschen.

SORTEN-TIPPS Sommer- und Herbstsorten: 'Calabrese', 'Calinaro'. Herbstsorte: 'Sprouting'. Bunte Sorte 'Rosalind.'

CHINAKOHL

— *Brassica rapa* ssp. *chinensis* (Kreuzblütler)

AUSSAAT Im Freien von Juni bis Juli.

AUSPFLANZEN Im Freien Ende August. Platzbedarf: 40 × 50 cm.

ANBAU Herbst- und Wintersalat. Für ein erfolgreiches Wachstum benötig der Starkzehrer einen tiefgründigen, lockeren, nährstoffreichen Boden an einem sonnigen bis halbschattigen Standort, nicht nach Kohlgewächsen. Auf ausreichende Wasserversorgung achten, wegen seiner flachen Wurzeln kann er tieferliegende Wasserressourcen nicht nutzen. Zum Schutz vor schnellem Austrocknen mulchen.

ERNTE & LAGERUNG Haupterntezeit ist im Oktober. Du kannst entweder nur einige Blätter verwenden oder den gesamten Kopf abschneiden. Lange Lagerzeit in kühlen Räumen, wenn du die Köpfe mitsamt Wurzelballen erntest und in feuchtes Papier einschlägst.

SORTEN-TIPP 'Granat'.

PAK CHOI

— *Brassica rapa* ssp. *pekinensis* (Kreuzblütler)

AUSSAAT Unter Glas im März/April, im Freien von Mai bis August.

AUSPFLANZEN Unter Glas im April, im Freien von Ende Mai bis Anfang September. Platzbedarf: 30 × 30 cm.

ANBAU Beete möglichst bereits im Herbst des Vorjahres mit Kompost versorgen. Vor dem Anpflanzen noch mal den Boden lockern. Beikräuter entfernen, gießen und den Starkzehrer zwei- bis dreimal während der Kulturdauer düngen. Lässt sich auch gut in Töpfen und Kübeln anbauen. Gegen Erdflöhe hilft es, eine Anbaupause zu anderen Kreuzblütlern einzuhalten, Schutznetze auszubringen und den Boden immer wieder leicht zu hacken und feucht zu halten.

ERNTE & LAGERUNG Frisch als Baby-Leaf-Salat oder mit Wurzel ernten. In Sand im Keller eingeschlagen kann er für einen längeren Zeitraum gelagert werden.

SORTEN-TIPP 'Yorokobi'.

GRÜNKOHL

— *Brassica oleracea* var. *sabellica* (Kreuzblütler)

AUSSAAT Unter Glas im April, im Freien ab Ende Mai bis Juni.

AUSPFLANZEN Im Freien im Juni/Juli Platzbedarf: 50 bis 80 × 50 bis 80 cm.

ANBAU Schmetterlingsblütler sind die besten Vorgemüse für diesen Starkzehrer. Die Pflanzen haben einen enormen Wasserbedarf und du solltest während der Kulturzeit alle zwei bis drei Wochen mit Jauchen, Komposttee etc. nachdüngen. Grünkohl wird gerne von der Weißen Fliege besiedelt. Meine besten Erfahrungen habe ich damit gemacht, sofort bei einem Befall mit verdünntem Neemöl zu spritzen.

ERNTE & LAGERUNG Am besten nach den ersten Frösten. Die Kälte bewirkt, dass die Blätter zarter werden und Stärke in Zucker umgewandelt wird.

SORTEN-TIPPS 'Ostfriesische Palme' erreicht 1,5 bis 1,8 m. Für kleinere Gärten eignen sich 'Lerchenzungen' oder der nur kniehohe 'Niedriger Grüner Krauser'.

PALMKOHL

— *Brassica oleracea* var. *palmifolia* (Kreuzblütler)

AUSSAAT Unter Glas im April/Mai, im Freien ab Mai.

AUSPFLANZEN Im Freien von Juni bis August. Platzbedarf: 60 × 60 cm.

ANBAU Bei der Auswahl des Standortes solltest du die endgültige Höhe von bis zu 1 m beachten. Boden- und Pflegeansprüche, Schädlingsdruck und die zu beachtenden Anbaupausen zu anderen Kohlgewächsen sind wie bei Grünkohl, Palmkohl ist jedoch weniger winterhart.

ERNTE & LAGERUNG Nach ca. 60 Tagen beginnt von unten nach oben die Ernte der ersten jungen Blätter. Dann sind diese noch zart und schmecken am allerbesten. Wichtig ist hierbei, dass du die Spitze stehen lässt, damit immer wieder neue Triebe gebildet werden. Die Blätter können roh oder leicht blanchiert verwendet werden, sie sind einige Tage im Kühlschrank haltbar. Der Geschmack ist milder als beim Grünkohl.

SORTEN-TIPPS 'Nero di Toscana', 'Negro Romano'.

KOHLRABI

— *Brassica oleracea* var. *gongylodes* (Kreuzblütler)

AUSSAAT Unter Glas im Februar/März, im Freien von Mai bis Juli. Die Samen kommen maximal 1 cm tief in die Erde.

AUSPFLANZEN Unter Glas im März/April, im Freien von April bis Juli. Platzbedarf: 25 × 30 cm ('Superschmelz' 40 × 50 cm). Nicht zu tief in die Erde setzen!

ANBAU Ausgezeichnete Vor- und Nachfrucht. Boden lockern, Beikräuter entfernen, ausreichend gießen und zwei- bis dreimal nachdüngen. Erdflöhe kannst du mit einem Schutznetz abhalten oder mit Gesteinsmehl einpudern. Tipp: Ich setze Kohlrabi gern als Lückenfüller, denn er kommt mit den meisten Gemüsearten gut klar (Ausnahmen: Fenchel, Steckrübe, Zwiebeln, Asiasalate, Knoblauch).

ERNTE & LAGERUNG Frühlingssorten nicht zu groß werden lassen, damit sie nicht holzig werden. 'Superschmelz' eignet sich zum Einlagern in der Erdmiete.

SORTEN-TIPPS Frühjahrsanbau: 'Azur Star', 'Blaril'; Herbstsorten: 'Superschmelz', 'Gigant'.

ROSENKOHL

— *Brassica oleracea* var. *gemmifera* (Kreuzblütler)

AUSSAAT Unter Glas im April/Mai, im Freien im Mai. Saattiefe maximal 1 cm. Sämlinge nach der Voranzucht bis zu den Keimblättern in größere Töpfe setzen.

AUSPFLANZEN Im Freien von Mitte Mai bis Mitte Juni. Platzbedarf: 50 × 50 bis 60 cm.

ANBAU Der Starkzehrer braucht neben einem sonnigen Platz, ausreichender Wasserversorgung und nährstoffreicher Grundversorgung während der langen Kulturzeit organische Düngergaben. Zur Stabilisierung die Pflanzen an einem Stock fixieren. Vorbeugend gegen Kohlweißlinge und Kohlfliege Thymian und Gewürztagetes dazupflanzen, bei Befall engmaschiges Schutznetz anbringen.

ERNTE & LAGERUNG Ab Anfang Oktober ist das frostharte Gemüse erntereif: Röschen erst kurz vor dem Verzehr einzeln abnehmen oder den ganzen Stängel abschneiden. Im Kühlschrank einige Tage lagerfähig oder alternativ einfrieren.

SORTEN-TIPPS 'Groninger', 'Hilds Ideal', rote Sorte: 'Rubine'.

WIRSING

— *Brassica oleracea* convar. *capitata* var. *sabauda* (Kreuzblütler)

AUSSAAT Unter Glas von Februar (bei frühen Sorten Pflanzenlampen nutzen) bis April, im Freien im April/Mai (späte Sorten, Kulturdauer ca. 40 Wochen). Saattiefe 0,5 cm.

AUSPFLANZEN Im Freien von März bis Mai. Platzbedarf: 60 × 60 bis 100 cm.

ANBAU Fast ganzjährig möglich. Sonniger Platz, nährstoffreicher Boden (Starkzehrer). Pferdemist ein Jahr kompostieren, mit Pflanzenkohle und EM anreichern und vor der Pflanzung in die Erde einarbeiten. Ausreichend gießen!

ERNTE & LAGERUNG Ab Ende Mai bis Juli sind erste Frühlingswirsinge reif bei geschütztem Anbau. Winterwirsing wird erst im kommenden Frühjahr geerntet. Junge Blätter als Salat, sonst Kopf mit Wurzeln ernten. Diese verbleiben bei längerer Lagerung am Wirsing.

SORTEN-TIPPS Frühwirsing: 'Vorbote 3', 'Eisenkopf'. Herbst- und Winterwirsing: 'Hammer' und 'Langendijská'.

WEISS- UND ROTKOHL

— *Brassica oleracea* convar. *capitata* var. *alba*/var. *rubra* (Kreuzblütler)

AUSSAAT Unter Glas von Februar bis April, im Freien von April bis Mai.

AUSPFLANZEN Von März bis Mai. Platzbedarf: 60 × 60 cm.

ANBAU Bodenansprüche und Düngung wie bei Wirsing. Immer wieder Erde anhäufeln für mehr Standfestigkeit. Zur Schädlingsabwehr Kräuter wie Thymian, Dill, Oregano oder Tagetes dazusetzen. Engmaschiges Kulturschutznetz (Maschenweite 0,8 × 0,8 mm) gegen Schädlinge. Kohlkragen verhindert Eiablage der Kohlfliege.

ERNTE & LAGERUNG Junge Blätter oder feste Köpfe abschneiden. Unbeschädigte Köpfe später Sorten sind kühl für einige Wochen lagerbar. Zur Vermeidung von Kohlhernie direkt nach Ernte die Wurzel entnehmen und entsorgen.

SORTEN-TIPPS Frühjahrssorten, besonders für Frischverzehr: Weißkohl 'Nagels Frühweiß', Rotkohl: 'Amarant'. Herbst- und Wintersorten: Weißkohl 'Marner Lagerweiß', Rotkohl: 'Granat'.

»Gesundheit
pur – mit einer
täglichen Handvoll
Beeren aus dem
eigenen Garten.«

Otmar Diez

Beerenobst – wahres Superfood

Eine der wichtigsten Erkenntnisse, die ich im Laufe der Jahre lernte, war, das alles, was für mich gut ist, vor meiner Haustür wächst. Das sind neben den Wildkräutern die heimischen Beeren und Früchte. Warum also in die Ferne schweifen, wenn das Gute so nahe ist. Wer regelmäßig Beeren isst, tut nachweislich Positives für seine Gesundheit.

1

Je nach Art und Sorte stecken in Beeren wertvolle Inhaltsstoffe wie Mineralien, die Vitamine A, C, E, Kalium, Calcium, Phosphor, Pektin, Carotin, Folsäure, Silizium, Zink, Eisen, Magnesium und viele Ballaststoffe. Nicht zu vergessen die entzündungshemmenden, blutdruckregulierenden, antiviral und antioxidativ wirkenden sekundären Pflanzenstoffe wie Flavonoide und Anthocyane (v. a in dunklen Früchten). In zahlreichen Studien konnten positive Einflüsse auf das Herzinfarkt-Risiko, die Gefäße, die Gedächtnisleistung oder chronische Entzündungsprozesse festgestellt werden. Beim regelmäßigen Verzehr von Beeren schützen wir unsere Nerven, unterstützen die Bildung neuer Nervenzellen und Ablagerungen in den Arterien werden verhindert. Nicht zu vergessen ist, dass sie wesentlich weniger Fruchtzucker, der die Leber belastet, aufweisen als die meisten anderen Obstarten.

BEEREN ANBAUEN

Nicht alle Beeren haben die gleichen Ansprüche an den Boden. Sie wachsen sehr unterschiedlich und benötigen zum Teil etwas Unterstützung.
Heidelbeeren wachsen in der Natur in saurem Boden mit einem pH-Wert von ca. 5,5 (das restliche Beerenobst braucht 7,0 und mehr), deshalb werden Kulturheidelbeeren gerne in Kübeln angebaut. Entweder besorgst du dir im Gartencenter eine entsprechende Pflanzerde, zum Beispiel Rhododendronerde, oder du „versauerst" den vorhandenen Boden mit Nadelstreu aus dem Wald. Mit einem pH-Messgerät können Säure- bzw. Basengehalt gemessen werden.

1. Brombeeren eignen sich hervorragend zur Berankung von Zäunen. Für den Garten verwende ich am liebsten stachellose Sorten.

2. Um das Umknicken der Ruten zu vermeiden, ist ein Rankgerüst für Himbeeren sehr hilfreich.

Zaunbewuchs

Brombeerenranken können wunderbar entlang eines Zaunes wachsen. Die Triebe finden genügend Halt, wenn du diese zwischen die Zaunlatten leitest. Berankte Zäune sehen nicht nur toll aus, sondern die Früchte können auch bequem geerntet werden und nach einem Regen trocknen sie schnell ab und faulen deshalb nicht.

Spalier

Himbeeren benötigen ein Spalier, damit die Ruten genügend Halt finden. Das kann aus Holz oder Metall gebaut werden und umfasst die gepflanzten Himbeerruten.

Solitäre

Einen Platz für sich alleine benötigen sowohl Rote als auch Schwarze Johannisbeeren.

2

BROMBEERE
— *Rubus fruticosus*

MERKMALE Das Rosengewächs wird 1 bis 3 m hoch und blüht von Mai bis August in Weiß bis Zartrosa. Die Früchte bestehen aus 20 bis 50 kleinen Steinfrüchten (Sammelsteinfrucht).

ANBAU Ideal für die Berankung von Zäunen oder anderen Klettermöglichkeiten. Lass beim Schnitt nur die einjährigen Triebe stehen. Sie werden Früchte tragen.

ERNTE Im reifen Zustand ernten, da sie erst dann ihr volles Aroma erreichen. Sie sind sehr empfindlich und verderben schnell, deshalb am besten frisch verzehren oder gleich nach der Ernte einfrieren.

VERWENDUNG Die Beeren liefern viel Provitamin A, Vitamin C und E sowie Mineralien. Du kannst sie in Süßspeisen, Kuchen, Likör und anderen Getränken verwenden.

SORTEN-TIPPS Mittlerweile gibt es bis zu 20 meist dornenlose Zuchtsorten mit eher aufrechtem Wuchs oder rankend. Die Beeren sind größer als bei der Wildart.

ERDBEERE
— *Fragaria*

MERKMALE Es wird unterschieden in heimische Wild-Erdbeeren, Kulur-Erdbeeren und Monats-Erdbeeren, die keine Wurzelausläufer bilden. Die kleinen Rosengewächse werden 10 bis 40 cm hoch.

ANBAU Kultur-Erdbeeren gedeihen am besten in der vollen Sonne auf einem leicht sauren Boden. Die Wild-Erdbeere wächst auf Kalkboden unter Sträuchern oder als flachwurzelnder Bodendecker. Zur Vorbereitung eines neuen Beetes solltest du dieses gut lockern und mit Hornmehl bzw. abgelagertem Pferdemist anreichern. Junge Pflanzen fest andrücken und ausreichend feucht halten.

ERNTE Immer wieder die reifen Früchte mit Stiel abernten. Sortenabhängig beginnt die Ernte fortlaufend im Mai bis Juli, Monats-Erdbeeren von Mai bis September.

VERWENDUNG Neben frisch „von der Hand in den Mund“ sind Erdbeeren auch in Kuchen und als Kompott, Marmelade, Bowle und Eis lecker.

HEIDELBEERE

— *Vaccinium myrtillus*

MERKMALE Die Kultur-Heidelbeeren können im Gegensatz zur Wildform, die nur bis zu 50 cm hoch wird, bis zu 2 m in die Höhe wachsen. Einzeln aus den Blattachseln schauen von Mai bis Juli die nickenden Blüten dieses Heidekrautgewächses.

ANBAU In der Natur sind Heidelbeeren Anzeiger für einen sauren Boden (ph ca. 5,5). Diese Verhältnisse erreichst du im Garten am einfachsten in einem großen Kübel mit Rhododendronerde. Ab dem vierten Jahr solltest du die ältesten zwei bis vier Triebe direkt über den Boden abschneiden.

ERNTE Von Ende Juli bis in den September ist die Erntezeit der etwa 1 cm großen Früchte.

VERWENDUNG Direkt frisch vom Strauch. Die Beeren schmecken lecker in Kuchen, Süßspeisen, Mixgetränken und lassen sich gut einfrieren. Heidelbeeren können freie Radikale absorbieren und damit das Krebsrisiko mindern. Der tägliche Verzehr soll die Insulinsensibilität verbessern und Ablagerungen in den Arterien verhindern.

HIMBEERE

— *Rubus idaeus*

MERKMALE Die aufrecht wachsenden Ruten dieses 1 bis 2 m hohen Rosengewächses sind mit feinen Stacheln besetzt. Man unterscheidet einmal und mehrmals tragende Sorten. Die sommertragenden Himbeeren tragen am Vorjahresholz und nur im Sommer. Mehrmals tragende Sorten tragen im Sommer an Vorjahresruten und im Herbst an Jahresruten.

ANBAU Rankgerüst nötig, damit die Ruten nicht umknicken. Ein- bis zweimal im Jahr mit Kompost, Hornspänen oder Beerendünger düngen. Bei den mehrmals tragenden Sorten nach der Ernte im Herbst alle Triebe bodennah abschneiden. Bei den einmal tragenden die kräftigsten acht bis zehn Ruten stehen lassen, die anderen etwa Mitte Mai bodennah abschneiden.

ERNTE Die Früchte sind nur lose am Blütenboden gebunden und lassen sich deshalb leicht abziehen.

VERWENDUNG Direkt vom Strauch, einfrieren, trocknen, für Kuchen, Eis, Marmelade, Sirup, Wein, Smoothies. Himbeeren zählen zu den gesündesten heimischen Beerensorten.

ROTE JOHANNISBEERE

— *Ribes rubrum*

MERKMALE Die Pflanze ist ein Selbstbefruchter, der gut allein stehen kann – als Strauch, Hochstamm oder Hecke. Es gibt Sorten mit roten oder weißen Früchten.

ANBAU Die Rote Johannisbeere kommt mit den meisten Böden gut zurecht. Für den Flachwurzler ist eine ausreichende Wasserversorgung wichtig. Hierfür ist eine Mulchschicht aus Laub oder Grasschnitt sehr förderlich. Vor dem Blattaustrieb und nach der Ernte mit einem organischen Dünger versorgen. Entferne nach der Ernte die abgetragenen Triebe des Strauchs, die du direkt am Boden abschneiden kannst.

ERNTE Die Erntezeit ist ab Mitte Juni bis zum Johannistag (24. Juni), was diesen Beeren ihren Namen gab. Die kleinen Früchte hängen in Trauben.

VERWENDUNG Die süß-säuerlich schmeckenden Beeren eignen sich neben dem Frischverzehr für Desserts, Marmelade, Sirup, Liköre, Kuchen und weitere Süßspeisen.

SCHW. JOHANNISBEERE

— *Ribes nigrum*

MERKMALE Die dunklen Beeren sind größer als ihre roten Schwestern. Die Sträucher können bis zu 25 Jahre alt werden.

ANBAU Ideal ist ein leicht saurer, durchlässiger, nährstoffreicher Boden an einem sonnigen bis halbschattigen und windgeschützten Standort. Wichtig ist regelmäßiges Gießen und Mulchen, denn die Flachwurzler leiden unter langer Trockenheit. Da die Pflanze kein Selbstbefruchter ist, sollten immer mehrere Sträucher nebeneinander gepflanzt werden. Gut zu erkennen sind die älteren, dunklen und rauen Triebe, die nach der Ernte bodennah geschnitten werden. Diese tragen nur noch wenige Beeren, im Gegensatz zu den jungen Trieben mit heller, glatter Oberfläche.

ERNTE Ab Mitte bis Ende Juli.

VERWENDUNG Von allen gängigen heimischen Obstarten hat die Schwarze Johannisbeere mit den höchsten Vitamin-C-Gehalt. Der typische Cassis-Geschmack passt sehr gut zu Marmelade, Gelee, Sirup, Likör.

ANDENBEERE

— *Physalis peruviana*

MERKMALE Bis zu 2 m hoch wachsende, starkwüchsige Pflanze, die eine Stütze benötigt. Nicht winterhart.

ANBAU Am besten ab Mitte Mai in Kübeln an einem geschützten, sonnigen und überdachten Standort. Pflanzgefäße (mind. 10 l) mit einer Drainage ausstatten. Regelmäßig gießen, aber Staunässe vermeiden, organisch düngen und bei zu dichtem Wuchs ausgeizen. Zur Überwinterung wird die frostempfindliche Staude auf die Hälfte eingekürzt an einen hellen 10 bis 15 °C warmen Platz gestellt und gelegentlich gegossen. Wird aber meist nur einjährig kultiviert. Jedes Jahr an einem anderen Platz anbauen.

ERNTE Unreife Früchte sind giftig, deshalb warten, bis die Lampionhülle vollkommen vertrocknet ist und die Früchte sich orange bis hellbraun verfärben, ab Ende August bis zum Frost.

VERWENDUNG Die leckeren und gesunden, leicht säuerlich schmeckenden Früchte (Vitamine C, B1, B6 und Eisen) kannst du direkt naschen oder für Desserts nutzen. Sie haben eine geringe Haltbarkeit, können aber auch getrocknet werden.

STACHELBEERE

— *Ribes uva-crispa* var. *sativum*

MERKMALE Breitwüchsiger, verzweigter 1 bis 1,5 m großer Strauch mit Stacheln. Die hängenden Blüten (April/Mai) sitzen in den Blattachseln, die grünen, gelben oder rötlichen, 1 bis 3 cm großen Früchte sind weich behaart. Diese sind bei der Wildform des Stachelbeergewächses wesentlich kleiner.

ANBAU Stachelbeeren gibt es als Solitärsträucher oder Hochstämmchen. Sie benötigen einen nährstoffreichen Boden in sonniger bis halbschattiger Lage. Rote Sorten: 'Rote Triumph', 'Hinnonmäki rot', 'Rolonda' oder 'Xenia'. Gelbe Sorten: 'Gelbe Triumphbeere', 'Hönings Früheste'. Grüne Sorten: 'Careless', 'Invicta', 'Grüne Hansa'.

ERNTE Die Früchte können von Ende Mai bis August in verschiedenen Reifestadien geerntet werden

VERWENDUNG Stachelbeeren haben ein frisch säuerliches Aroma, dass sich gut für Kompott, Gelee oder Desserts eignet. Die noch grünen und nicht ausgewachsenen Früchte lassen sich besonders zum Einkochen und als Kuchenbelag verwenden.

Wildobst selbst anbauen

Wer einen größeren Garten hat, kann heimisches Wildobst pflanzen und zu Hause ernten, anstatt es in der Natur zu sammeln. Man sieht die heimischen Bäume und Sträucher leider selten in Gärten, obwohl sie imposant ausschauen und leckere, gesunde Früchte tragen.

Entscheidend zum Anpflanzen von Wildgehölzen ist der Platz, den du in deinem Garten hast. Unsere heimischen Sträucher wollen sich entfalten können und eignen sich nicht als Schnitthecke. Wichtig ist, dass du dir im Vorfeld der endgültigen Größe bewusst wirst und die Nachbarschaftsverhältnisse sowie die gesetzlich vorgeschriebenen Abstandsregelungen berücksichtigst. Wenn die Wildobstgehölze zu groß werden, nehmen sie es nicht übel, in Bodennähe kräftig zurückgeschnitten zu werden.

ROBUST UND WIDERSTANDSFÄHIG

Heimische Sträucher sind anspruchslos, widerstandsfähig und unempfindlich gegen Frost und Schädlinge. Sie benötigen auch keine weiteren Düngergaben. Wachsen sie am richtigen Standort unter der Berücksichtigung von Bodenart, Bodenfeuchtigkeit und Lichtverhältnissen, belohnen sie uns mit einer farbenfrohen Blüte, essbaren Früchten und buntem Laub im Herbst. Nüsse, Kirschpflaumen, Vogelbeeren und Hagebutten hängen nicht alle in Reichweite und viele sind schlichtweg durch das dichte Gestrüpp nicht zu erreichen. Handschuhe, ein Stock mit Haken, um die Äste etwas heranzuziehen, sowie ein Umhängekorb erleichtern die Ernte in der Natur oder im Garten.

WILDE HECKE

Mit der Anlage einer Wildsträucherhecke leistest du einen wichtigen Beitrag zum Artenschutz, vor allem im Siedlungsgebiet. Während fremdländische Gehölze meist nur von geringem ökologischen Nutzen sind, stellen heimische Bäume und Sträucher wertvolle Nahrungsquellen und Nistmöglichkeiten dar. Im Dickicht von Holunder, Berberitze und Sanddorn finden Heckenbraunelle, Mönchsgrasmücke und die Nachtigall sichere Brutplätze. Im Herbst bieten die beerentragenden Sträucher vielen Vögeln bis weit in den Winter hinein einen reich gedeckten Tisch. Allein von Holunderstrauch und Vogelbeere ernähren sich ca. 60 Vogelarten. Zusätzlich filtern Hecken Staub, Schmutz sowie Abgase und wirken lärmdämpfend.
Für eine Hecke aus heimischen, essbaren Sträuchern solltest du 3 bis 6 m (Anpflanzung in Reihe oder versetzt) in der Breite einplanen. Kombiniere Schwarzen Holunder, Haselnuss, Kornelkirsche, Wildrose, Sanddorn, Kirschpflaume und Berberitze.

Zum Sammeln von Beeren solltest du beide Hände frei haben, damit du ernten, aber auch Zweige heranziehen kannst. Ein Stock mit Haken und ein Umhängekorb sind eine perfekte Ausstattung.

BERBERITZE

— *Berberis vulgaris*

MERKMALE 1 bis 3 m hoher Strauch mit langen, spitzen Dornen in den Blattachseln. Im Mai/Juni blüht er mit gelben Blüten, die einen unangenehmen Geruch verströmen. Die ca. 1 cm langen Früchte reifen ab September.

VORKOMMEN An Waldrändern, Hecken und Ödflächen.

VERWECHSLUNG Thunbergs Berberitze *(Berberis thunbergii)* hat kleinere und rundere Blätter als die Wildform – giftig und nicht zum Verzehr geeignet.

ERNTE Achte beim Ernten der Beeren auf die spitzen Dornen.

IM GARTEN Als Solitärstrauch, Platzbedarf: 1 m × 1 m.

VERWENDUNG Die säuerlichen Beeren enthalten viel Vitamin C und können in Essig eingelegt werden. Getrocknet passen sie in Müsli und schmecken auch in einem selbstgemachten Schokoriegel. Im Nahen Osten ist die Berberitze aus Reis- oder Fleischgerichten nicht wegzudenken. In der Volksheilkunde wurden Extrakte bei Magen- und Gallenproblemen eingesetzt.

EBERESCHE

— *Sorbus aucuparia*

MERKMALE Baum oder mehrstämmiger Strauch mit lichter Krone. Das Blatt besteht aus neun bis 19 Fiederblättern. Im Mai/Juni ist das Rosengwächs mit weißen Schirmrispen übersät, im Herbst mit korallenroten 8 bis 10 mm großen Früchten.

VORKOMMEN Vom Tiefland bis zur Baumgrenze (ca. 2000 m). Pioniergehölz auf Kahlschlägen.

VERWECHSLUNG Blätter haben Ähnlichkeit mit Speierling, Esche, Schwarzem Holunder, Früchte mit Mehlbeere.

ERNTE Wenn möglich nach dem ersten Frost, da die Kälteeinwirkung den herben Geschmack reduziert. Alternativ die Früchte einige Tage ins Gefrierfach legen.

IM GARTEN Schöner Hausbaum mit 10 bis 15 m Höhe. Achtung: Wurzeln gehen tief auf die Suche nach Wasser.

VERWENDUNG Die sogenannten Vogelbeeren nicht roh verzehren (wegen Parasorbinsäure)! Gekocht eignen sie sich für Marmelade, Aufstriche, Mus, Sirup, Chutney oder Getränke.

FELSENBIRNE

— *Amelanchier ovalis*

MERKMALE Der zu den Rosengewächsen zählende Strauch wird 2 bis 4 m hoch. Ab April und im Mai erscheinen die weißen Blüten in hängenden, büscheligen Trauben. Von Juni bis August reifen die etwa erbsengroßen, dunkelroten bis schwarzblauen Früchte, die bei Vögeln sehr beliebt sind. Attraktive orangerote bis dunkelrote Blattfärbung im Herbst.

IM GARTEN Die Solitärpflanze benötigt einen ausreichend großen Platz für sich allein.

ERNTE Beeren direkt vom Strauch sammeln.

VERWENDUNG Roh, getrocknet oder gekocht. Frische Früchte in Müsli, Grießbrei oder anderen Süßspeisen, für Marmelade, Mixgetränke und Likör.

SORTEN-TIPP Veredelte Sorte 'Ballerina'.

WEITERE ARTEN Kupfer-Felsenbirne *(Amelanchier lamarckii)*, Hängende Felsenbirne *(Amlanchier laevis)* und die nur etwa 2 m hohe Ährige Felsenbirne *(Amelanchier spicata)*.

HASEL

— *Corylus avellana*

MERKMALE Strauchförmiger Wuchs. Blüten vor dem Blattaustrieb ab Februar/März: hängende Kätzchen (männlich) und winzige rötliche Blüten (weiblich). Ovale, rundliche oder herzförmige Blätter mit doppelt gesägtem Blattrand.

VORKOMMEN Das Birkengewächs ist an Böschungen, Feldrainen, Waldrändern, in Parks und Gärten zu finden.

VERWECHSLUNG Mit der essbaren Großen Hasel oder Lamberts-Hasel sowie der Korkenzieher-Hasel.

IM GARTEN Der Strauch wird 5 bis 6 m hoch und benötigt viel Platz. Er verbreitet sich vor allem durch Tiere, welche die Nüsse zur Vorratshaltung vergraben.

ERNTE Die Haselnüsse sind ab September reif – direkt vom Strauch ernten oder vom Boden sammeln.

VERWENDUNG Haselnüsse sind nahrhaft und fettreich mit viel Vitamin A, B, E sowie Kalzium, Kalium und Eisen. Du kannst sie roh verzehren, zum Backen oder für Haselnussmilch nutzen.

HOLUNDER

— *Sambucus nigra*

MERKMALE Mehrstämmiger bis zu 4 m hoher Strauch mit weißen, schirmförmigen Blütenständen im Mai/Juni, Beeren ab Ende August.

VORKOMMEN Einzeln an Feldrainen, Weg- und Waldrändern.

VERWECHSLUNG Der giftige Zwerg-Holunder (Attich) hat schwarze Beeren, die aufrecht am Stiel stehen. Er wächst meist in großer Anzahl an Böschungen und Straßengräben.

IM GARTEN Durch das Entfernen der Seitentriebe und das Hochleiten eines Triebs entsteht ein Holunderbäumchen.

ERNTE Im Mai ist Erntezeit für die Blütendolden und ab Ende August für die reifen, schwarzen Beeren.

VERWENDUNG Die Blüten eignen sich für Gelee, Sirup oder Holunderküchle, die Beeren (nicht roh verwenden!) für einen Vitamin-C-reichen Saft bzw. zur Herstellung von Marmelade.

SORTEN-TIPPS 'Haschberg' und 'Sambo' haben große, saftige Beeren, die alle gleichzeitig reif werden.

HUNDS-ROSE

— *Rosa canina*

MERKMALE Im April und Mai erscheinen rosafarbene Blüten, die betörend duften. Ab September bis in die Wintermonate findest du die roten oder orangefarbenen Hagebutten.

VORKOMMEN Als 1 bis 3 m hoher Einzelstrauch oder in Hecken, an Weg- und Waldrändern und in Ödland.

VERWECHSLUNG Mit anderen Wildrosen-Arten, die allerdings andere Früchte aufweisen und kleiner bleiben.

IM GARTEN Sie benötigt einen möglichst vollsonnigen Platz, wächst auf nahezu allen Bodenarten und ist wunderbar zur Begrünung von Wänden oder Zäunen geeignet. Vorsicht, sie kann sich durch Wurzelausläufer stark verbreiten.

ERNTE Die Früchte lassen sich relativ einfach ernten. Bei dichten Hecken hilft ein Stock mit Haken.

VERWENDUNG Aus den Blütenblättern und Apfelsaft wird ein Gelee hergestellt, aus den Früchten Marmelade. Getrocknete, gemahlene Hagebutten bringen Vitamin C ins Müsli.

KIRSCHPFLAUME

— *Prunus cerasifera*

MERKMALE Baum oder mehrstämmiger Strauch mit weißen, innen schwach rosafarbenen und stark duftenden Blüten, die im März/April vor dem Blattaustrieb erscheinen. Die Früchte in Gelb-, Blau- oder Rottönen ähneln Mirabellen.

VORKOMMEN Oft versteckt in Heckenstreifen und als verwilderte Solitärbäume. Angepflanzt in Parks und Gärten.

VERWECHSLUNG Mit Mirabellen.

IM GARTEN Als Solitärbaum auf einem durchlässigen und sonnigen Standort. Beachte die staatliche Größe von 5 bis 7 m, die dieses Rosengewächs erreichen kann.

ERNTE Die leckeren Früchte lassen sich leicht vom Baum ernten. Bemerkenswert sind die reichlich enthaltenen Vitamine, Spurenelemente und die antioxidativ wirkenden Farbstoffe.

VERWENDUNG Du kannst die reifen Früchte direkt vor Ort verzehren oder diese zu Marmelade, Kompott, Desserts, Sorbets oder Getränken weiterverarbeiten.

KORNELKIRSCHE

— *Cornus mas*

MERKMALE 5 bis 8 m hoher kleiner Baum oder großer Strauch. Im März/April, noch vor dem Blattaustrieb, erscheinen die nach Honig duftenden gelben Blüten. Die eiförmigen, etwa 2 cm langen, roten Früchte reifen von August bis Oktober.

VORKOMMEN In der Natur kommt das Hartriegelgewächs nur noch selten vor – verwildert in Hecken und an Waldrändern auf eher kalkreichen, trockenen, sonnigen Standorten.

VERWECHSLUNG Der Rote Hartriegel hat ähnliche Blätter, aber zur Reife anders aussehende Früchte.

IM GARTEN Als Einzelstrauch oder als Teil einer Wildhecke.

ERNTE Die Früchte reifen nach und nach. Die bequemste Erntemethode ist, eine große Folie unter den Baum zu legen und die Kornelkirschen abzuschütteln.

VERWENDUNG Die Früchte können zu Marmelade, Smoothies, Wein, Likör, Kompott oder Saft verarbeitet werden. Sie lassen sich gut einfrieren, trocknen, entsaften bzw. einkochen.

MISPEL

— *Mespilus germanica*

MERKMALE 3 bis 6 m hohes Rosengewächs mit duftenden Blüten im Mai und Juni. Die elliptischen Blätter sind auf der Unterseite filzig behaart, wechselständig angeordnet und können bis zu 15 cm lang werden. Die kugeligen Früchte sind durch die auffallenden Kelchblätter am Rand der Mispel äußerst markant.

IM GARTEN Solitärstrauch, der durchlässige, leicht saure Böden und sonnige bis halbschattige Lagen bevorzugt.

ERNTE Erst nach dem ersten Frost entwickelt sich das volle Aroma. Dieser Prozess kann mit einigen Stunden Lagerung in der Gefriertruhe beschleunigt werden.

VERWENDUNG Die Früchte können für Chutneys, Marmeladen und Soßen verarbeitet werden. Dank des hohen Pektingehaltes gelingen Gelees ausgezeichnet. In der Volksheilkunde werden Mispelfrüchte bei Entzündungen des Mund- und Rachenraumes zum Gurgeln und Spülen verwendet.

SORTEN-TIPPS 'Holländische Großfrüchtige', 'Süßmispel', 'Evreinoff's Monströse', 'Delice des Vannes'.

SANDDORN

— *Hippophaë rhamnoides*

MERKMALE 3 bis 6 m hohes Ölweidengewächs mit ovalen, leuchtend gelben bis orangefarbenen Früchten und sehr spitzen Dornen. Die eher unscheinbare Blüte erscheint vor dem Blattaustrieb von März bis Mai. An einem kurzen Stiel wachsen die schmal lanzettlichen Blätter.

VORKOMMEN Vor allem auf kalkhaltigen Böden, in sonnigen Lagen, Trockenwäldern, lichten Kiefernbeständen und an Autobahnböschungen gepflanzt.

IM GARTEN Als Solitärstrauch oder Teil einer Wildhecke.

ERNTE Von August bis Oktober. Vorsicht! Die Dornen können zu erheblichen Verletzungen führen – Handschuhe tragen!

VERWENDUNG Säuerliche Beeren weniger für den Frischverzehr, sondern für Fruchtmus, Saft, Tee, Sirup und in Müsli, Smoothies, Süßspeisen, Wein, Likör, auf Torten und Kuchen. Sehr gesund dank zahlreicher Vitamine, Mineralstoffe, Flavonoide und Carotinoide.

»Ein Garten kann
dank des harmonischen
Miteinanders von Gemüse,
Kräutern, Blumen und
Sträuchern eine Oase
der Ruhe und ein Ort
zum Krafttanken sein.«

Otmar Diez

1

Kräuter aus dem Garten

Küchenkräuter sind wahre Alleskönner – sie bereichern optisch deinen Garten, halten Schädlinge fern, locken Nützlinge und Bestäuber an, verfeinern deine Speisen und wirken zusätzlich positiv auf die Gesundheit.

Du kannst Kräuter in Töpfen und Kästen auf der Fensterbank und dem Balkon anbauen, direkt in den Gemüsebeeten, in Kräuterspiralen, Kräuterbeeten oder einem Kräutermosaik. Wichtig ist, dass du ihnen die optimalen Wachstumsbedingungen zur Verfügung stellst.

DIE AUSWAHL IST RIESIG

Küchenkräuter gibt es entweder als Samen (Aussaat von März bis Mai) oder als Jungpflanzen zu kaufen. Beachte bei den Jungpflanzen, dass diese meist in Gewächshäusern angezogen wurden und erst nach den Eisheiligen ins Freie sollten. Gewöhne sie langsam an das Klima im Garten. Das betrifft vor allem die mediterranen Vertreter wie Majoran, Oregano und Basilikum.

DER RICHTIGE PLATZ

Die meisten Küchenkräuter sind echte Südländer und lieben einen sonnigen und eher trockenen Standort. Was sie nicht leiden können, ist Staunässe im Wurzelbereich.

1. Tomaten lieben als Pflanzenpartner Petersilie und Basilikum.

2. Eine Kräuterspirale ermöglicht den Anbau verschiedenster Kräuter auf kleinstem Raum.

3. Die essbaren und heilkräftigen Ringelblumenblüten sollten in keinem Garten fehlen.

2

3

Daher achte besonders beim Anbau in Töpfen und Kübeln darauf, dass Wasser immer abfließen kann. Im Gemüsegarten pflanzt du die Kräuter direkt zum passenden Gemüse, mit welchem sie später gemeinsam zubereitet werden, zum Beispiel Bohnenkraut zu Bohnen oder Basilikum zu Tomaten. Andere Kräuter wie Salbei oder Borretsch passen eher an den Rand der Beete, wo sie gleichzeitig als ein gestalterisches Element dienen. Beachte die Endgröße der Pflanzen, damit du nicht schon nach ein paar Monaten mit dem Umpflanzen beginnen musst, weil die eine oder andere Pflanze zu groß geraten ist.

WANN ERNTE ICH WAS?

Ein wichtiger Punkt für die bestmögliche Qualität ist, wann du welche Teile der Kräuter erntest. Du kannst dir das einfach merken: Der höchste Anteil an Vitaminen und Nährstoffen ist immer in den Pflanzenteilen, die gerade der meisten Kraft bedürfen. Das sind vor der Blüte die Blätter, zur Blüte die Blüten und später die Samen, im Herbst und Winter die Wurzeln. Hinzu kommen die tagesunterschiedlichen Konzentrationen der Wirkstoffe. Den höchsten Gehalt finden wir an sonnigen Tagen um die Mittagszeit. Nicht geeignet für die Ernte sind dagegen kühle und regnerische Tage.

KRÄUTER VERWERTEN UND HALTBAR MACHEN

Die meisten Kräuter eignen sich zum Rohverzehr und du entscheidest lediglich, zu welchen Speisen sie am besten passen. So sind Tomatengerichte ohne Basilikum oder eine Pizza ohne Oregano unvorstellbar. Die stark aromatischen Kräuter wie Rosmarin, Salbei, Minze, Thymian, Bohnenkraut und Oregano eignen sich wunderbar zum Trocknen an der Luft, im Dörrgerät bzw. Backofen (siehe S. 85) und zur Weiterverarbeitung zu Streuwürze oder Kräutersalz. Petersilie, Liebstöckel, Dill oder Koriander frierst du am besten gleich portioniert ein, da sie beim Trocknen ihr Aroma weitgehend verlieren.

MIT KRÄUTERN GESTALTEN

Küchenkräuter eignen sich perfekt als Mischkulturpartner direkt im oder am Gemüsebeet. Hier wirken sie meist mit ihren

Die leuchtend gelborange Ringelblume sollte in keinem Garten fehlen. Sie verträgt und unterstützt die meisten Gemüsearten wie Bohnen, Gurken, Kohlgewächse, Möhren, Kopfsalat, Tomaten, Paprika oder Fenchel. Die Blüten werden von vielen Insekten besucht und eignen sich ausgezeichnet für einen Tee bzw. zur Herstellung einer heilenden Salbe.

Auch auf Balkon oder Terrasse kannst du einen tollen Topfgarten mit Kräutern gestalten.

Düften, geben Stoffe an den Boden ab, halten Schädlinge von den Pflanzen ab und bringen Farbe in die Beete.

Kräuterspirale

Wenn du mindestens 2 × 2 m Platz zur Verfügung hast, ist der Bau einer Kräuterspirale eine Überlegung wert, zumal sie ein eindrucksvolles Gestaltungselement sein kann. Hierzu benötigst du Steine, mit denen du die Spirale aufsetzt. Wichtig ist hierbei, dass sich die Steinwand etwa 15 Grad nach innen neigt, um dem Erddruck standzuhalten. Im unteren, eher etwas feuchteren Bereich fühlen sich beispielsweise Schnittlauch, Petersilie oder Dill wohl. In der Mitte der Spirale finden Koriander, Kerbel, Basilikum oder Zitronen-Melisse Platz. In der oberen, trockenen Zone gedeihen Salbei, Rosmarin, Oregano und Majoran oder auch als krönender Abschluss ein Lavendel. Thymian ist hervorragend in allen Zonen als Bepflanzung entlang der Steine geeignet.

Kräuter in Töpfen und Wannen

Aus Platzmangel oder aus optischen Gründen können die meisten Kräuter in Töpfen und allen möglichen anderen Gefäßen angebaut werden. Die Grundregeln sind hierbei identisch: Das Gefäß muss zum Wasserabfluss Löcher haben und die untererste Schicht sollte aus Steinen oder Perlit bestehen. Nicht zu unterschätzen ist, wie heiß es an sonnigen Standorten in den Töpfen werden kann. Dementsprechend ist eine ausreichende Wasserversorgung außerordentlich wichtig.

Kräuterwege

Zur Gestaltung von Gartenwegen eignen sich Kräuter, die Ausläufer bilden und schnell ihre Umgebung bewachsen. Hierzu legst du deine Trittplatten in Schrittlänge eben aus und pflanzt in die Zwischenräume mattenbildende Kräuter. Geeignet sind trittfeste Thymianarten wie Roter Sand-Thymian, Berg-Bohnenkraut oder Kamille. Solche Wege sehen großartig aus, locken Insekten an, und das Unkraut hält sich in Grenzen.

Kräutermosaik

Mit Steinplatten aus Natur- oder auch Betonstein lässt sich ein Schachbrettmuster anlegen. Wichtig ist bei der Steinauswahl, dass die Platten alle gleich breit sind. Die Länge kann ruhig variieren. In die freien Stellen dazwischen pflanzt du die Kräuter, wobei die großen Kandidaten wie Estragon oder Liebstöckel an den Rand oder in den Hintergrund kommen.
Mit so einem Kräutermosaik lassen sich freie und nicht benötigte Flächen sinnvoll nutzen. Der Vorteil ist, dass du auf den Platten immer trockenen Fußes durch deinen Kräutergarten wandeln kannst.

BAU EINES KRÄUTERMOSAIKS

1. Im ersten Schritt wird der Boden von Wurzelteilen und Steinen gereinigt. Dazu verwende ich am liebsten ein Durchwurfsieb, welches diese Dinge aussortiert. Übrig bleibt ein feinkrümeliger Boden. Mit einem Rechen wird die Fläche nun eingeebnet. Damit das perfekt gelingt, kannst du rechts und links zwei Dachlatten in Waage hinlegen, die Fläche mit feiner Erde auffüllen und mit einer weiteren Latte abziehen.

Mit der Wasserwaage prüfen

2. Lass dir für die ersten Arbeit lieber Zeit, dann geht das Verlegen entsprechend zügig voran. Du kannst günstige Betonplatten verwenden oder die teure Version: Natursteinplatten aus Granit, Sand- oder Kalkstein und Porphyr. Die Länge der Platten kann ruhig variieren, nicht jedoch die Breite. Leg die Platten im Schachbrettverband auf die ebene Fläche und verändere die Positionen, bis du mit deiner Arbeit zufrieden bist.

3. Sobald dein Mosaik die gewünschte Fläche bedeckt, kannst du die Plattenzwischenräume mit feinkrümeliger Erde auffüllen. Jetzt erkennst du, wie viel Platz zum Bepflanzen entstanden ist und kannst überlegen, wo du was pflanzen möchtest. Lass dich nicht von den kleinen Jungpflanzen täuschen, sondern beachte die spätere Endgröße. Sinnvollerweise kommen die größeren Kräuter wie Estragon, Liebstöckel oder Beifuß in den Hintergrund.

4. Die kleineren Kräuter kannst du nach Belieben verteilen. Die entstandenen Pflanzflächen sind bei einer Plattenbreite von 25 bis 30 cm groß genug, damit die Kräuter gut wachsen können. Was am Anfang noch sehr spärlich ausschaut, wird sich schon in wenigen Wochen zu einem tollen Kräutermosaik entwickeln. Auf die Platten kannst du noch Kräuter in Töpfen stellen. Statt Küchenkräuter kannst du auch Heilpflanzen verwenden (siehe S. 35).

BASILIKUM

— *Ocimum basilicum*

AUSSAAT Ab März auf der Fensterbank vorziehen. Samen nur auf die Erde legen, andrücken und feucht halten. Keimtemperatur mindestens 16 °C, besser ca. 20 °C.

PFLANZUNG Ab Mitte Mai ins Freie setzen.

ANBAU Warme, geschützte Standorte, humushaltige Böden. Gieße nicht über die Blätter, da dies Pilzerkrankungen fördert, nur den Wurzelbereich wässern. Alle vier bis sechs Wochen mit Kompost, Kräuterjauchen oder Smoothie düngen.

ERNTE Zupfe immer die oberen Spitzen ab, dann treibt die Pflanze hier neu aus und wird dicht und buschig.

VERWENDUNG Frisch auf Tomaten, Pizza, Pasta, für Pesto, Kräuterbutter, -essig, -öl. Zugabe immer zum Schluss, d. h. nicht mitkochen! Haltbarmachung: portionsweise einfrieren.

GUTE NACHBARN Fördert bei Gurken, Fenchel, Paprika und Tomaten den Fruchtansatz, indem es bestäubende Insekten anlockt. Verzögert bei Gurken die Ausbreitung von Mehltau.

'African Blue' Kreuzung von Kampfer-Basilikum mit rotem Basilikum. Sehr gesund und wüchsig. Wird gerne zum Räuchern genommen. Mehrjährig, kann im Frühjahr über Stecklinge vermehrt werden.

'Krim Basilikum' Steht gerne warm, windgeschützt, im Halbschatten, nicht in der prallen Mittagssonne. Die Überwinterung ist bei 8 bis 12 °C möglich. Die Blätter eignen sich super zu mediterranen Gerichten und Pesto.

'Genoveser' Das bekannteste Basilikum. Mit seinen großen, dunkelgrünen Blättern und seinem typischen Aroma ist es die beliebteste Basilikumsorte für Tomatensalate. Enorm raschwüchsig und relativ unempfindlich.

'Wildes Purpur' Äußerst wüchsige rotblättrige Sorte mit pfeffrigem Aroma. Die purpurroten Blätter sind größer als bei anderen ausdauernden Arten. Vermehrung über Stecklinge im Frühjahr.

BERG-BOHNENKRAUT

— *Satureja montana*

AUSSAAT Voranzucht ab Ende März oder Direktaussaat ab Mitte Mai.

PFLANZUNG Nach den Eisheiligen ins Freie setzen.

ANBAU Berg-Bohnenkraut bevorzugt nährstoffarme, durchlässige Standorte. Sparsam düngen und gießen. Insektenweide.

ERNTE Nahezu ganzjährige Ernte von Trieben und Blättern.

VERWENDUNG Du kannst die Triebe und Blätter frisch, getrocknet oder im eingefrorenen Zustand zu Bohnen dazugeben. Der Geschmack passt auch in Eintöpfe, Eierspeisen, Gemüse-, Kartoffel-, Lamm- und Fischgerichte sowie in eine selbstgemachte Streuwürze. Zusammen mit Knoblauch entfaltet sich sein Aroma noch intensiver.

GUTE NACHBARN Der Geruch schützt Busch- und Stangenbohnen vor den Schwarzen Bohnenläusen. Rote Bete, Salate und Zwiebeln profitieren auch vom Bohnenkraut.

WEITERE ART Einjähriges Sommer-Bohnenkraut.

BORRETSCH

— *Borago officinalis*

AUSSAAT Ab Ende April direkt oder in Anzuchttöpfen.

PFLANZZEIT Junge Pflanzen nach den Maifrösten auspflanzen.

ANBAU Die Pflanze benötigt eine Grundfläche von mindestens 40 cm × 40 cm. Deshalb ist es sinnvoll, sie eher am Rand eines Beetes an einem sonnigen und nährstoffreichen Platz zu platzieren. Wichige Insektenweide. Samenverbreitung durch Ameisen.

ERNTE Junge Blätter den ganzen Sommer über. Wenn der Borretsch zu groß wird, nutze die Blattmasse zum Mulchen.

VERWENDUNG Dieses Küchenkraut mit einem leichten Gurkengeschmack passt idealerweise zu Kohl sowie zu Kartoffeln, Salat und Buschbohnen.

GUTE NACHBARN Erbsen und Erdbeeren, weil deren Widerstandsfähigkeit und Wachstum gefördert wird. Auch Bohnen, Chilli, Gurke, Kartoffeln, Kohlarten, Paprika, Radicchio, Salat, Zucchini fühlen sich in seiner Nähe wohl.

DILL

— *Anethum graveolens*

AUSSAAT Ab April an Ort und Stelle entweder breitwürfig oder in Reihen säen. Gut feucht halten.

ANBAU An hellen und sonnigen Stellen, auf kalkhaltigen, aber nicht zu nährstoffreichen Böden.

ERNTE Von Mai bis September die zarten Blätter, am besten erst kurz vor der Verwendung, da Dill schnell welkt. Damit du das ganze Jahr über Dill zur Verfügung hast, kannst du frische Blätter portionsweise einfrieren.

VERWENDUNG Dill passt zu Gurken- und Fischgerichten sowie Salaten, als Gewürz in Soßen, Kräuteressig und in Streuwürze. Die Samen lassen sich wie Kümmel nutzen.

GUTE NACHBARN Dill fördert Keimfähigkeit und Wachstum von Möhren sowie das Aroma von Wurzelgemüse. Erbsen, Erdbeeren, Gurken, Kohlarten, Rote Bete, Salat, Tomaten und Zwiebeln fühlen sich in seiner Nähe wohl.

SORTEN-TIPPS 'Elefant', 'Hercules', 'Tetra Dill', 'Vierling'.

ESTRAGON

— *Artemisia dracunulus*

AUSSAAT Schwierig, kaufe lieber Jungpflanzen!

PFLANZUNG Nach den letzten Frühlingsfrösten auspflanzen.

ANBAU Suche einen sonnigen, humus- und nährstoffhaltigen Platz, wo der Estragon in seinem Wachstum – er kann bis zu 1,40 m hoch werden – nicht eingeschränkt wird, z. B. im Hintergrund von Kräuterbeeten oder als Abgrenzung zu anderen Gartenbereichen.

ERNTE Frische Triebspitzen können von Ende April bis in den Oktober nach Bedarf geerntet werden.

VERWENDUNG Durch das Trocknen leidet das Aroma erheblich, deshalb am besten frisch verwenden. Beginne zunächst mit kleineren Zugaben für Salate, Soßen, Suppen, Geflügel, Quark, Kräuteressig und Kräutersenf.

GUTE NACHBARN Estragon, Fenchel.

SORTEN-TIPPS Deutscher, Französischer und Russischer Estragon. Letzterer besitzt eine geringere Würzkraft.

KERBEL

— *Anthriscus cerefolium*

AUSSAAT Ab Ende März im Haus. Kerbel lässt sich nicht gerne verpflanzen, daher besser gleich an Ort und Stelle bzw. in die richtigen Gefäße säen. Folgesaaten einplanen.

PFLANZZEIT Ab Ende Mai ins Freie pflanzen.

ANBAU Anspruchslos, wächst schnell und fühlt sich an einem sonnigen oder halbschattigen Platz wohl. Lässt sich auch gut in Töpfen kultivieren.

ERNTE Von Mai bis Ende Oktober immer wieder Blätter, Triebe und Blüten abschneiden. Nutze alles frisch, da es beim Trocknen sein Aroma verliert.

VERWENDUNG Nicht mitkochen, sondern frisch und erst kurz vor Ende der Zubereitung dazugeben. Er passt zu Suppen, Soßen (z. B. Frankfurter Grüne Soße), Käse, Quark, Kräuterbutter, Eier- und Kartoffelgerichten.

GUTE NACHBARN Dill, Majoran, Ringelblume

SORTEN-TIPP 'Vertissimo'.

KORIANDER

— *Coriandrum sativum*

AUSSAAT Ab Anfang Mai Direktsaat, ca. 1 cm tief.

PFLANZUNG Im Freien erst nach den Eisheiligen. Zu dicht aufgegangene Sämlinge solltest du auf 30 cm vereinzeln.

ANBAU Suche einen sonnigen bis halbschattigen Platz und achte darauf, dass der Boden nicht austrocknet.

ERNTE Alle Teile sind genießbar. Blätter können fortlaufend und die vollreifen Samen ab Mitte August geerntet werden.

VERWENDUNG Frische Blätter für asiatische Suppen, Bowls oder Currys. Die leicht nussig schmeckenden Samen finden in Gewürzmischungen, z. B. Garam Masala, aber auch zum Brotbacken Verwendung.

GUTE NACHBARN Anis, Basilikum, Dill, Estragon, Kamille, Knoblauch, Majoran, Minze, Ringelblume, Rosmarin, Salbei, Thymian, Zitronen-Melisse, Zitronenverbene.

SORTEN-TIPPS 'Jantar', 'Thüringer'.

LIEBSTÖCKEL

— *Levisticum officinale*

AUSSAAT Voranzucht ab März, Direktaussaat ab April.

PFLANZUNG Setze die jungen Pflanzen nach den Eisheiligen Mitte Mai ins Beet. Vermehrung durch Wurzelteilung.

ANBAU Liebstöckel kann bis zu 2 m hoch werden und entsprechend ist der Platzbedarf. Gib ihm möglichst einen sonnigen oder halbschattigen, nährstoffreichen, solitären Platz, da er das Wachstum benachbarter Pflanzen erheblich beeinträchtigen kann.

ERNTE Die jungen Blätter den ganzen Sommer über, Wurzeln und Samen im Herbst.

VERWENDUNG Mit ihrem typischen, dominanten Geschmack und der hohen Würzkraft passen die frischen Blätter in Eintöpfe, Suppen, zu Rohkost, Fleischgerichten und Gemüse. Sparsam verwenden. Du kannst die Blätter zum Gebrauch einfrieren, ein Pesto herstellen oder in Öl und Essig einlegen, alternativ trocknen oder zu einer Paste verarbeiten: Sieben Teile Liebstöckelblätter und ein Teil Meersalz.

MAJORAN

— *Origanum majorana*

AUSSAAT Vorkultur des Lichtkeimers ab März im Haus oder Gewächshaus. Direktsaat nach den letzten Frühlingsfrösten.

PFLANZZEIT Junge Pflänzchen erst nach den Eisheiligen Mitte Mai ins Freie setzen, da Majoran nur bedingt frosthart ist. Jedes Jahr den Standort wechseln.

ANBAU Sonniger, warmer, kalkhaltiger Standort, Staunässe vermeiden. Keine zusätzliche Düngung nötig. Die Blüten locken unzählige Insekten an. Gedeiht in Töpfen.

ERNTE Die beste Zeit für die Blatternte ist vor der Blüte.

VERWENDUNG Passt zu Wurst und Fleisch, Gemüseeintöpfen, Bohnen, Erbsen, Linsen und in selbstgemachte Streuwürze.

GUTE NACHBARN Dill, Kerbel, Koriander, Petersilie, Ringelblume.

WEITERE ARTEN Italienischer Majoran *(Majorana hortensis)*, Kreta-Majoran *(Origanum dictamnus)*.

MINZE

— *Mentha* spec.

AUSSAAT Nicht üblich. Die Vermehrung erfolgt am einfachsten über Wurzelausläufer.

PFLANZZEIT Fast das ganze Jahr über können Wurzelausläufer gepflanzt werden.

ANBAU Minzen sind mehrjährig und winterhart. Sie breiten sich großflächig aus, wenn sie nicht daran gehindert werden. Ich pflanze sie gern in große Kübel oder Mörtelwannen. Hier haben sie genügend Platz, um viele Triebe zu bilden, können sich aber nicht ausbreiten.

ERNTE Triebe und Blätter bei Bedarf.

VERWENDUNG Die Blätter eignen sich für Süßspeisen, Tee oder Kaltgetränke. Lassen sich gut trocken – für Tee im Winter.

GUTE NACHBARN Alle Kohlarten, weil die Duftstoffe Kohlweißlinge auf Abstand halten.

SORTEN Riesige Auswahl: Von sehr alten Sorten bis zu Neuzüchtungen ist für jeden Geschmack etwas dabei.

Ananas-Minze *(Mentha suaveolens variegata)* ist an den grünen Blättern mit cremefarbenem Rand leicht zu erkennen. Das Ananasaroma passt zu Getränken, Süßspeisen und Puddings. Eine der wenigen nicht winterharten Sorten, frostfrei überwintern.

Mojito-Minze *(Mentha arvensis)*. Bekannt geworden ist diese dicht-buschige bis zu 50 cm hohe Sorte aufgund ihrer typischen Verwendung auch unter den Namen 'Hugo-Minze' oder 'Hemingway-Minze'.

Apfel-Minze *(Mentha suaveolens,* syn. *Mentha rotundifolia)* ist eine sehr wüchsige Minze, die bis zu 1,5 m hoch wachsen kann. Hervorragende Teeminze, aufgrund des geringen Mentholgehaltes besonders für Kinder geeignet.

Nane-Minze (*Mentha spicata* var. *crispa* 'Nane') wird auch Türkische Minze genannt. Sie ist winterhart und kann eine staatliche Größe von 60 cm erreichen. Die Blüten sind weiß-rosa.

OREGANO, DOST

— *Origanum vulgare*

AUSSAAT Voranzucht ab Ende März, Direktsaat ab Mitte Mai.

ANBAU Jungpflanzen erst nach den Eisheiligen Mitte Mai ins Freie pflanzen. Achte darauf, dass die Wurzeln in keiner Staunässe stehen. Oregano benötigt einen sonnigen, warmen, kalkhaltigen Standort. Schneide erst im zeitigen Frühjahr die Triebe aus dem Vorjahr dicht über dem Boden zurück. Das führt zu einem kräftigen Wachstum.

ERNTE Den ganzen Sommer über junge Blätter zum Würzen.

VERWENDUNG Oregano passt ausgezeichnet zu allen mediterranen Speisen. Du kannst ihn zusammen mit anderen Kräutern in eine Streuwürze bzw. Kräutersalz geben und auch trocknen.

GUTE NACHBARN Oregano hält Schnecken fern und fördert Aroma und Wachstum benachbarter Kräuter und Gemüsepflanzen.

WEITERE ARTEN Griechischer Oregano *(Origanum hirtum)*, Spanischer Oregano *(Origanum virens)*.

PETERSILIE

— *Petroselinum crispum*

AUSSAAT Ab März im Haus oder Gewächshaus und ab April direkt im Freien.

PFLANZUNG Von April bis Oktober immer zwei bis fünf Jungpflanzen in einem Abstand von ca. 15 cm zusammen setzen.

ANBAU Das Küchenkraut wächst gern im Halbschatten und auf den meisten Böden, bevorzugt durchlässig.

ERNTE Fast das ganze Jahr über. Im Winter versorgt dich ein Wurzelstock im Topf am Fenster. Eignet sich ausgezeichnet zum Trocknen und Einfrieren.

VERWENDUNG Salate, Suppen, Frankfurter Grüne Soße, Pesto, Kräuterbutter, zu Bratkartoffeln, Kräuterpfannkuchen. Die Blätter nicht mitkochen!

GUTE NACHBARN Vertreibt Schädlinge bei Chili, Frühlingszwiebeln, Grünkohl, Gurken, Palmkohl, Paprika, Radieschen, Spargel, Tomaten, Zwiebeln.

SORTEN-TIPPS 'Italienische Petersilie', 'Mooskrause'.

ROSMARIN

— *Rosmarinus officinalis*

AUSSAAT Keine Aussaat, die Vermehrung erfolgt durch Stecklinge.

PFLANZUNG Nach den letzten Frühjahrsfrösten, Mitte Mai.

ANBAU Die ursprüngliche Heimat des Rosmarins ist der Mittelmeerraum, dementsprechend benötigt dieses Würzkraut ein sonniges, eher karges und vor allem durchlässiges Plätzchen. Er kann eine beachtliche Größe erreichen, deshalb solltest du gleich einen entsprechenden Platz wählen. Gelegentlich mit Kompost düngen und nicht frostharten Arten Winterschutz geben.

ERNTE Die jungen Triebe ganzjährig nach Bedarf.

VERWENDUNG In der mediterranen Küche zu Gemüse, Kräuteressig, Kräuteröl, Fisch, Fleisch, Kartoffeln, Kräuterwein.

GUTE NACHBARN Möhren.

WINTERHARTE SORTEN 'Arp', 'Hill Hardy', 'Salem', 'Veitshöchheim'.

SALBEI

— *Salvia officinalis*

AUSSAAT Salbei wird in der Regel nicht ausgesät.

PFLANZUNG Nach den letzten Frostnächten Mitte Mai ins Freie pflanzen. Ich gebe zum perfekten Start reifen Kompost in das Pflanzloch.

ANBAU Unbedingt die angegebene spätere Größe der jeweiligen Sorte beim Pflanzen beachten.

ERNTE Nach Belieben nutze ich immer wieder Blätter für den Sofortgebrauch oder zum Trocknen.

VERWENDUNG Wunderbar geeignet sind die Blätter in der mediterranen Küche, zu Fleischgerichten, Erbsen, Pasta, Gemüse, Eintöpfen und Suppen. In der Volksmedizin sind sie bei Entzündungen in Mund und Rachenraum als Gurgel- und Mundwasser sehr beliebt.

GUTE NACHBARN Kohlarten, weil der Salbeiduft Kohlweißlinge auf Abstand hält.

SORTEN-TIPPS 'Aurea', 'Berggarten', 'Icterina', 'Purpurascens'.

SCHNITTLAUCH

— *Allium schoenoprasum*

AUSSAAT Als Kaltkeimer bereits ab März direkt ins Beet säen.

PFLANZUNG Ab April in sonniger Lage und nährstoffreichem Boden.

ANBAU Kaufe einen Topf mit unzähligen Jungpflanzen und teile diese in einzelne Wurzelballen. Das Gleiche kann auch mit kräftigen Wurzelstöcken aus dem Garten geschehen. Schnittlauch eignet sich, um kleine Abgrenzungen zu gestalten.

ERNTE Frische Schnittlauchröhren in der frostfreien Zeit, wenn du sie nach der Blüte zurückschneidest.

VERWENDUNG Am besten Blätter, Knospen und Blüten roh verwenden: auf Butterbrot, als Salatzugabe, zu Eierspeisen, in Kräuterbutter, -öl, Pesto. Lässt sich einfrieren.

GUTE NACHBARN Knollen-Fenchel, Kohlgewächse, Pastinake, Radicchio, Sellerie, Spinat, Tomaten. In der Nähe von Möhren kann er die Möhrenfliegen vertreiben.

SORTEN-TIPPS 'Forescate', 'Grolau', 'Profusion'.

ZITRONEN-MELISSE

— *Melissa officinalis* ssp. *officinalis*

AUSSAAT Ab Februar im Haus.

PFLANZUNG Ganzjährig möglich.

ANBAU Die Pflanze braucht eine Grundfläche von mindestens 50 cm × 50 cm an einem windgeschützten, nährstoffreichen, tiefgründigen Platz in Sonne oder Halbschatten. Wenn sie zu groß geworden ist, einfach zurückschneiden. Dann treibt sie neu aus.

ERNTE Junge Blätter während der Sommermonate.

VERWENDUNG Aus den frischen oder getrockneten Blättern lässt sich ein köstlicher Tee zubereiten, der entspannend und krampflösend wirkt. Die jungen Blätter passen in Süßspeisen, Obstsalat, Kräuteressig, Kräuterquark, Mixgetränke.

GUTE NACHBARN Basilikum, Bohnenkraut, Estragon, Oregano, Petersilie, Salbei, Schnittlauch, Thymian.

SORTEN-TIPPS Kreta-Melisse *(Melissa officinalis* ssp. *altissima)* mit fruchtigem Aroma, Goldene Zitronen-Melisse 'All Gold' mit gelben Blättern.

THYMIAN

— *Thymus vulgaris*

AUSSAAT Voranzucht im März/April, Direktsaat ab April.

PFLANZUNG Von April bis Oktober.

ANBAU Wärme- und trockenheitsliebende, mediterrane Pflanze, die einen sonnigen, geschützten, durchlässigen, humushaltigen und kalkreichen Standort benötigt. Zur Verjüngung solltest du die Pflanze nach der Blüte zurückschneiden.

ERNTE Nahezu ganzjährig. Nur die immergrünen Triebspitzen.

VERWENDUNG Frisch und getrocknet zu allen mediterranen Speisen, Kräuterbutter, -essig, -öl, Fleisch, Eierspeisen, Käse, Suppen und Soßen. Als Tee getrunken oder zur Inhalation genutzt ist Thymian ein altbewährtes Hustenmittel und hilft auch bei Katarrhen der oberen Luftwege.

GUTE NACHBARN Chili, Kohlgewächse, Meerrettich, Möhren, Paprika.

SORTEN Es gibt über 200 verschiedene Sorten, die sich in Wuchsform, Blütenfarbe und Geschmack unterscheiden.

Kokos-Thymian (*Thymus species* 'Kokos') eignet sich hervorragend zum Begrünen von Steinmauern und als Bodendecker, da er kriechend wächst. Passt zu Suppen, Eintöpfen, Soßen und zum Marinieren von Fleisch und Fisch.

Sand-Thymian *(Thymus serpyllum)* bleibt sehr niedrig und ist ausgezeichnet als Bodendecker, für Dächer und Steingärten geeignet. Insekten lieben die üppigen Blüten in Weiß ('Albus'), Karminrosa bis Purpurfarben ('Coccineus').

Kaskaden-Thymian *(Thymus longicaulis* ssp. *odoratus)* zeichnet sich durch dichtes, kissenförmiges Wachstum aus, er wird bis zu 15 cm hoch. Blüht im Juni und Juli rosarot. Eignet sich dank seiner Wuchsfreudigkeit besonders für Trockenmauern und Kübel.

Zitronen-Thymiane *(Thymus × citriodorus)* sind eine ganze Gruppe mit charakteristischem Zitronenduft. Wuchshöhe bis zu 20 cm. Die Unterarten unterscheiden sich in Blätter- und Blütenfarbe, z. B. 'Golden King', 'Silver Queen'.

Wildkräuter

Warum solltest du dich näher mit den „wilden Kräutern“ beschäftigen, wenn du doch in deinem Garten gesundes Gemüse und Kräuter anbaust? Ganz einfach. Wildkräuter enthalten besonders viele Vitamine, Calcium, Kalium, Magnesium, Eisen, Phosphor, Flavonoide, sekundäre Pflanzenstoffe, Bitterstoffe ...

1

Wenn du neben dem Anbau von Gemüse, Obst und Kräutern auch Wildkräuter in deinen Garten holst, schaffst du die allerbesten Voraussetzungen, um dich gesund und lecker zu ernähren.

NICHT ZU VIEL!

Immer wieder erlebe ich, dass Menschen einen strikten Kurswechsel von Fastfood zu Wildkräutern machen wollen. Davon würde ich dringend abraten! Besser ist es, die normalen Speisen nach und nach mit Wildkräutern anzureichern. Das geht wunderbar mit einem Salat aus dem Garten, den du mit einigen Blättern von Löwenzahn, Giersch, Gänseblümchen, Knoblauchsrauke oder Wegerich verfeinerst. Zunächst müssen sich deine Geschmackssinne und vor allem auch die Verdauungsorgane an den herben, meist etwas bitteren Geschmack und die Inhaltsstoffe gewöhnen. Wildkräuter-Anfänger sollten sich zunächst mit wenigen, bekannten Arten beschäftigen und deren Verwendungsmöglichkeiten kennenlernen.

WIE KOMMEN DIE WILDKRÄUTER IN DEN GARTEN?

Wenn du in deinem Garten Natur zulässt, siedeln sich viele Wildkräuter von alleine an. Ein beeindruckendes Beispiel ist ein englischer Rasen – wird er nicht mehr gedüngt und nur einige Male im Jahr gemäht, übernehmen innerhalb kurzer Zeit die Pflanzen den Standort, die hier geeignete Wachstumsbedingungen vorfinden. Das sind Gänseblümchen, Wegeriche, Gundermann, Löwenzahn und die Brennnessel, sofern der Platz stickstoffreich ist. Auch Schafgarbe, Knoblauchsrauke und Vogelmiere finden den Weg meist von selbst in die Gärten bzw. direkt in die Gemüsebeete. Wenn dir das zu lange dauert oder eine Erstbesiedlung der gewünschten Pflanzen ausbleibt, kannst du die meisten in entsprechenden Gärtnereien als Samen, Zwiebeln oder Jungpflanzen kaufen.

KURZE WEGE

Wildkräuter im eigenen Garten ernten zu können, hat den riesigen Vorteil der kurzen

013

Sammeln in der Natur

Für alle, die Wildkräuter in der Natur sammeln wollen, lohnt sich dieses Video.

014

Wildkräuter im Porträt

In diesem Video zeige ich dir wichtigsten Wildkräuter und ihre Verwechslungspartner.

2

Wege und gibt dir somit die Gelegenheit, diese so oft du möchtest in deine Ernährung zu integrieren.

SICHER UND EINDEUTIG

Ein weiterer wichtiger Punkt ist die Minimierung der Verwechslungsgefahren, wie diese in der Natur immer anzutreffen sind. Das trifft ganz besonders auf Bärlauch zu, der zu manchen Zeiten den sehr giftigen Maiglöckchen, Geflecktem Aronstab und Herbstzeitlosen ähnlich sieht. Leicht zu erkennende Arten sind neben Brennnesseln und Löwenzahn Wegeriche, Giersch, Knoblauchsrauke, Schafgarbe und Vogelmiere.

FUCHSBANDWURM UND ZECKEN

Beide kommen in Wald und Wiese, aber genauso in deinem Garten vor. Füchse sind Kulturfolger und leben in Gärten und Parks ebenso wie im Wald, d. h. die Ansteckungsgefahr ist überall gegeben. In Deutschland gibt es im Jahr ca. 50 neue Fuchsbandwurminfektionen, sodass die Gefahr einer Ansteckung nicht allzu groß ist. Anders ist das mit Zecken. Diese können FSME oder Borreliose übertragen und besonders der Süden Deutschlands ist fast komplett Hochrisikogebiet. Hinzu kommt, dass die Zecken aufgrund fehlender strenger Fröste bereits im zeitigen Frühjahr aktiv sind. Lange Kleidung und geschlossene Schuhe sind ein guter Schutz. Bei einem Biss ist das Tier möglichst schnell und komplett zu entfernen. Zeigen sich runde Kreise an der Bissstelle, ist ein Arztbesuch unausweichlich.

> Generell ist es tabu, an Plätzen zu sammeln, die irgendwie belastet sein könnten. Bestens geeignet sind verwilderte Gärten, Brachland und Heckensäume, aber auch Parks in der Stadt. Zum Sammeln benötigst du nur einen Korb und ein Messer.

3

1. Wildkräuterwiese: Hier wachsen Spitz-Wegerich und Gänseblümchen in großer Zahl.

2. Bärlauch kannst du dir in deinen Garten an schattige Stellen pflanzen.

3. Der Breit-Wegerich kommt gerne auf Wegen und häufig begangenen Wiesen vor.

BÄRLAUCH

— *Allium ursinum*

VORKOMMEN Nährstoff- und kalkreiche Laubmischwälder sowie Auwälder und entlang von Bächen.

MERKMALE Bärlauch riecht intensiv nach Knoblauch. Aus einer Zwiebel wachsen ab Anfang März zwei langgestielte, breit-lanzettliche, spitz zulaufende Blätter. Die Blattoberseite ist dunkelgrün, die Unterseite etwas heller. Ein wichtiges Merkmal ist die markante Mittelrippe, welche beim Knicken des Blattes knackt. Sternförmige, weiße Blüten wachsen in einer Blütendolde.

VERWECHSLUNG Herbstzeitlose, Gefleckter Aronstab und Maiglöckchen. Alle sehr giftig!

IM GARTEN Es gibt sowohl Bärlauchzwiebeln als auch Samen zu kaufen. Wichtig ist, dass der Standort schattig und kalkreich ist. Wenn es dem Bärlauch gefällt, breitet er sich weiter aus.

ERNTE UND VERWENDUNG Die jungen Blätter bis zur Blüte. Sobald diese gebildet wird, werden die Blätter härter und faseriger. Die Blütenknospen können als Kapernersatz eingelegt und die Blüten für Kräuterbutter usw. genutzt werden.

BRENNNESSEL

— *Urtica dioica*

VORKOMMEN Entlang von Hecken, Wiesen, Weiden, Waldrändern, besonders auf stickstoffhaltigen Böden.

MERKMALE Wer kennt sie nicht, die Brennhaare dieser Pflanze, welche schmerzhafte Quaddeln auf der Haut verursachen. An einem vierkantigen Stängel stehen die grob gesägten, zugespitzten, länglich-eiförmigen Blätter.

VERWECHSLUNG Mit den essbaren Taubnesseln, die allerdings keine Brennhaare haben.

IM GARTEN Brennnesseln wachsen an stickstoffreichen Stellen, z. B. in der Nähe des Kompostes. In den Garten gelangen sie durch Samen oder Wurzelteile.

ERNTE UND VERWENDUNG Die Blätter ab Ende März bis November. Mähe den Bestand ab und zu, dann kommen wieder neue Triebe. Die reifen Samen, sobald diese eine dunkle Farbe haben. Für mich eines der wertvollsten Wildkräuter für Suppen, Gemüse, gebackene Blätter usw. Die Samen schmecken übers Müsli, Bratkartoffeln, Quark oder Rühreier gestreut.

BRUNNENKRESSE

— *Nasturtium officinale*

VORKOMMEN In der Nähe von Quellen sowie fließenden und klaren Bächen, gedeiht fast rund ums Jahr.

MERKMALE Wintergrüne, ausdauernde Wasserpflanze mit etwas fleischigen Blättern und einem hohlen, kantigen Stiel. Der Blütenstand setzt sich aus vielen traubigen Einzelblüten mit gelben Staubbeuteln (wichtiges Bestimmungsmerkmal) zusammen. Triebe nach der Blüte oft lila verfärbend. Bis zu 20 mm längliche Schoten.

VERWECHSLUNG Mit dem ebenfalls essbaren Bitteren Schaumkraut: violetter Staubbeutel, kein hohler Stängel.

IM GARTEN Damit die Pflanze wächst, benötigt sie einen schattigen und feuchten Platz, z. B. am Teichrand.

ERNTE UND VERWENDUNG Die Blätter lassen sich fast das ganze Jahr über ernten. Sie sind geeignet für Salate, Kräuterquark, Pesto, Kräuterbutter, Kräuterkäse, grüne Soßen, über Bratkartoffeln oder Omelett. Die Blüten lassen sich zum Dekorieren verwenden.

GÄNSEBLÜMCHEN

— *Bellis perennis*

VORKOMMEN Wiesen, Wegränder, Rasenflächen.

MERKMALE Das Gänseblümchen ist winterhart und mehrjährig. Es bildet nahezu das ganze Jahr bei Sonnenschein immer wieder neue Blüten aus. Die Blätter entspringen einer Blattrosette, sind spatelförmig und bis zu 4 cm lang. Die weiß-rosa Körbchenblüte, mit gelben Röhrenblüten in der Mitte, ist bis zu 3 cm breit.

VERWECHSLUNG Keine.

IM GARTEN Kommt ohne deine Hilfe in Rasenflächen vor, die nicht intensiv gedüngt und gemäht werden.

ERNTE UND VERWENDUNG Blätter und Blüten können nahezu das ganze Jahr geerntet werden. Die Blätter schmecken nussig mild und passen in Salate, Kräuterquark, Aufläufe oder Suppen. Blütenknospen in Öl eingelegt sind ein Kapernersatz und die geöffneten Blüten kannst du als essbare Deko für Getränke, Salate und Brote mit Kräuterbutter nutzen.

GIERSCH

— *Aegopodium podagraria*

VORKOMMEN In Gärten, Parks, an Wegen, Hecken, Waldrändern, bevorzugt auf frischen, nährstoffreichen Böden.

MERKMALE Die Blätter haben eine markante Rinne im Stiel, die mit einer Lupe gut zu sehen und zu spüren ist. Jeweils drei Blätter entspringen aus einem Punkt, diese sind dreifach geteilt. Verbreitung über kriechende Sprossachsen (Rhizome). Zerriebene Blätter riechen nach Möhre und Petersilie. Die weiße Blütendolde setzt sich aus 15 bis 20 Döldchen zusammen.

VERWECHSLUNG Die Blüten der Doldenblütler sehen sich z.T. sehr ähnlich, darunter sind äußerst giftige Vertreter wie der Gefleckte Schierling oder die Hundspetersilie. Am gesamten Erscheinungsbild ist Giersch allerdings sicher zu erkennen.

IM GARTEN Siedelt sich meist von allein an, es fällt oft schwer, dem ungezügelten Ausbreitungsdrang Einhalt zu gebieten.

ERNTE UND VERWNDUNG Sammle die jungen, hellgrünen Blätter für Salate, Suppen, Gemüse, Smoothies oder Kräuterlimonade. Ältere Blätter werden zäh.

GUNDERMANN

— *Glechoma hederaceum*

VORKOMMEN Gärten, Wiesen, Rasenflächen, Wegränder, Hecken und Waldränder.

MERKMALE Kriechende, wintergrüne, krautige, ausdauernde Pflanze. Die grob gekerbten Blätter sind nierenförmig bis rundlich-herzförmig und je nach Bodenbeschaffenheit unterschiedlich groß. Zerreibst du die Blätter, so wird ein ziegenartiger Geruch verströmt. An aufrechten Trieben befinden sich blauviolette, zwei- bis fünfblütige Blütenstände.

VERWECHSLUNG Oft am gleichen Standort wächst der ebenfalls essbare Kriechende Günsel. Dieser hat einen aufrechten Stängel und ganzrandige Blätter.

IM GARTEN Die Pflanze wächst in naturnahen Gärten und verbreitet sich über die Wurzelausläufer.

ERNTE UND VERWENDUNG Einzelne Blätter können von März bis Oktober als Würzkraut verwendet werden. Wegen des intensiven und dominanten Geschmacks nur sparsam in Kräuterquark, Omeletts, Suppen oder Kräuterbutter nutzen.

KNOBLAUCHSRAUKE

— *Alliaria petiolata*

VORKOMMEN Gärten, Wald- und Heckenränder, Laubwälder.

MERKMALE Zweijährige Pflanze mit aufrechtem, kantigem Stängel. Die Grundblätter sind nierenförmig oder rundlich, die Stängelblätter dagegen dreieckig bis zugespitzt herzförmig mit einem unregelmäßig gezähnten Rand. Kennzeichnend ist der Knoblauchduft, der beim Zerreiben verströmt wird. Der traubige Blütenstand wird durch zierliche, weiße Blüten gebildet. Daraus entwickeln sich 3 bis 7 cm lange Schoten.

VERWECHSLUNG Am ehesten mit Brennnessel oder Taubnessel (beide essbar). Der Duft nach Knoblauch und die Größe der Pflanze bis zu 80 cm machen sie nahezu unverwechselbar.

IM GARTEN Auf lehmigen Böden in halbschattiger Lage, gerne in Gesellschaft mit Brennnesseln. Ansonsten kannst du sie aussäen oder Wurzelteile einpflanzen.

ERNTE UND VERWENDUNG Verarbeite die gesammelten jungen Blätter möglichst zügig, z. B. in Kräuterquark, Kräuterbutter, Suppen, Soßen, Salaten und Eierspeisen.

LÖWENZAHN

— *Taraxacum officinale*

VORKOMMEN Gärten, Wiesen, Wegränder, Ackerflächen.

MERKMALE Winterharte Pflanze mit weißem Milchsaft. Blattloser, hohler Stängel, an dessen Ende die leuchtend gelbe Blüte steht. Aus einer Rosette wachsen die gezackten, unbehaarten Blätter. Lange Pfahlwurzeln, schirmartige Samenstände.

VERWECHSLUNG Blätter ähneln Wiesen-Pippau und Ferkelkraut, Blüten anderen gelben Korbblütlern, z. B. Wiesenbocksbart oder Kleinem Habichtskraut.

IM GARTEN Durch Samenflug verbreitet sich der Löwenzahn auf Wiesen, wenn diese nicht oft gemäht werden.

ERNTE UND VERWENDUNG Blätter im Frühjahr bzw. nach einer Mahd, Blüten zur entsprechenden Zeit im Frühsommer, Wurzeln können von Herbst bis in das zeitige Frühjahr ausgegraben werden. Nutze die jungen, wenig bitteren Blätter in Salaten, die Blütenknospen in Öl eingelegt, die Blüten zur Dekoration bzw. zum Herstellen von Löwenzahnhonig, und die getrockneten, gerösteten Wurzeln als Kaffeeersatz.

QUENDEL

— *Thymus pulegioides*

VORKOMMEN Trockene, sonnige, bevorzugt kalkreiche Standorte, Trockenrasen, Wege.

MERKMALE Quendel ist der „echte heimische Thymian". Die ausdauernde, aromatisch duftende Pflanze kriecht am Boden entlang und bildet meist dichte Matten. Der Stiel ist vierkantig. Die eiförmigen Blätter stehen sich paarweise gegenüber. Am Stängelende wachsen purpurrosa blühende Scheinquirle.

VERWECHSLUNG Mit dem Frühblühenden Thymian und dem Sand-Thymian, welche du genauso nutzen kannst.

IM GARTEN Quendel passt hervorragend auf Trockenmauern und andere eher trockene Stellen im Garten.

ERNTE UND VERWENDUNG Aromatische Blätter und Blüten in den Sommermonaten. Verwendet wird das Würzkraut wie alle anderen Thymianarten: in Kräuterbutter, Kräuterquark, Salaten, Fleisch-, Eier-, Kartoffel- und Gemüsegerichten, Marinaden, Eintöpfen, Suppen.

SCHAFGARBE

— *Achillea millefolium*

VORKOMMEN Wiesen, Weiden, Wegränder, stillgelegte Ackerflächen.

MERKMALE Mehrjährige, winterharte Pflanze mit kantigem, wenig behaartem Stängel, Flachwurzler. Fein gefiederte Blätter, wechselständig am Stiel angeordnet. Der flache Blütenteller besteht aus zahlreichen Blütenköpfchen in Weiß oder Hellrosa.

VERWECHSLUNG Mit der Betrachtung des gesamten Erscheinungsbildes ist die Bestimmung eindeutig.

IM GARTEN Schafgarben besiedeln Rasenflächen, wenn diese nicht intensiv gedüngt und gemäht werden.

ERNTE UND VERWENDUNG Junge, zarte Blätter im Frühjahr, Blüten zur Vollblüte. Die Blätter haben einen herben, leicht scharfen Geschmack. Ich nutze sie für Salate, Gemüse, Kräutersaucen oder Mixgetränke. Die Blüten können für Kräuterlimonade, Sirup und Gelee verwendet werden. Das Kraut wird bei Magen-Darm-Galle-Störungen, Entzündungen, zur Wundheilung und bei Menstruationsbeschwerden angewandt.

SPITZ-WEGERICH

— *Plantago lanceolata*

VORKOMMEN Gärten, Wegränder, Wiesen.

MERKMALE Mehrjährige, winterharte Pflanze. Die Blätter sind ungestielt, etwa 2 cm breit und bis zu 18 cm lang. Sie haben sehr ausgeprägte und deutlich hervortretende Blattnerven auf der Blattrückseite. Der Blütenstand steht auf einem langen, dünnen und kantig gefurchten Stängel.

VERWECHSLUNG Neben Spitz-Wegerich kommen Breit- (meist auf Trittstellen) und Mittlerer Wegerich vor, der mit seiner Blattbreite dazwischen liegt. Diese sind genauso nutzbar.

IM GARTEN Alle drei Arten kommen meist auf Wiesen- und Rasenflächen vor, wenn diese nicht gedüngt werden.

ERNTE UND VERWENDUNG Junge und zarte Blätter aller drei Wegerich-Arten in Salaten, Gemüse, Mixgetränken oder einem Omelett. Junge, saftige Blätter dienen auch als „Wiesenpflaster" bei einem Insektenstich. Blütenknospen im Mai und Juni schmecken champignonartig. Mein Tipp: in Öl etwas andünsten.

VOGELMIERE

— *Stellaria media*

VORKOMMEN In Gärten, Gewächshäusern, direkt auf den Beeten, an Weg- und Waldrändern, auf Äckern und Stilllegungsflächen.

MERKMALE Fast ganzjährig anzutreffende, bodendeckende Pflanze mit einem rundlichen, einreihig behaarten, bis zu 40 cm langen Stängel. Die Blätter sind zugespitzt und ganzrandig. Sternförmige, bis zu 7 mm große weiße Blüten.

VERWECHSLUNG In der Natur mit anderen Sternmieren oder dem Hornkraut zu verwechseln, die aber auch essbar sind.

IM GARTEN Vogelmiere kommt meist von allein und wird leider oft als „lästiges Unkraut" ausgerupft.

ERNTE UND VERWENDUNG Du kannst die gesamte Pflanze fast das ganze Jahr über sammeln und mit zu deinem geernteten Salat oder in Kräuterquark, Gemüsegerichte, auf Brot, in Omelette, Suppen usw. geben. Es bringt zusätzliche Vitamine mit und enthält erheblich mehr Calcium, Kalium, Magnesium und siebenmal so viel Eisen wie Kopfsalat.

Pilze selbst züchten

Wir kennen drei verschiedene Lebensweisen von Pilzen. Neben parasitischen Pilzen gibt es Gattungen, die mit Pflanzen, hauptsächlich mit Bäumen, in einer Symbiose leben, und Pilze, welche in der Natur „aufräumen". Sie zersetzen Holz, Stroh und viele andere organische Materialien.

Selbst züchten können wir nur die letzte Gruppe, und zwar auf Holzstämmen, Häcksel, Stroh, Strohpellets oder Kaffeesatz. Wie geht das?

DAS BENÖTIGST DU

Du brauchst ein Substrat und das Myzel, das sind die „Wurzeln" der Pilze. Deine Aufgabe ist es nun, dass Myzel in das Substrat zu impfen. Myzelien der verschiedenen Arten bekommst du im Internet: jeweils eine Pilzart, die auf bzw. in Holzdübeln oder in Getreidekörnern bzw. Sägemehl gewachsen ist.

ZÜCHTEN AUF HOLZ

Pilze auf Holz zu züchten ist zwar anfangs mit etwas mehr Aufwand verbunden, dafür wirst du über einige Jahre mit leckeren Fruchtkörpern versorgt. Geeignet sind ausschließlich Laubhölzer:

– Harthölzer wie Buche, Hainbuche, Eiche
– Weichhölzer wie Birke, Weide, Pappel

Bei den Harthölzern dauert es einige Monate länger, bis die ersten Pilze erscheinen, dafür ist die Erntezeit entsprechend länger: bis zu vier bis sechs Jahre.

Folgende Punkte sind zu beachten:

– Die Stämme dürfen keinen Fremdpilzbefall aufweisen.
– Stammdurchmesser 20 bis 30 cm, Länge 30 bis 100 cm.
– Optimaler Zeitpunkt zum Beimpfen ist etwa acht bis zwölf Wochen nach der Fällung des Baumes.
– Lagerung der Stämme: etwa sechs Wochen frostfrei, an einem schattigen und eher feuchten Platz.
– Stämme an ihrem Platz etwa 10 bis 20 cm eingraben. Damit bekommen diese Halt und können ein Erdmyzel bilden.

Beimpfen

Das Holz wird mit Holzdübeln inkl. Myzel beimpft. Bringe mit einem 9- oder 10-mm-Bohrer rund um den Stamm die Löcher ein. Ich gebe 20 bis 25 Dübel in einen Stamm mit einer Länge von 30 cm bis 50 cm. Die Bohrlöcher sollten mit flüssigem Bienenwachs verschlossen werden, damit keine Fremdsporen eindringen.

Alternative: Du kannst auch Sägemehlbrut in das Holz impfen. Entweder bohrst du

015

Pilze züchten auf Baumstämmen

So kannst du Pilze auf Holz züchten – schau dir das Video dazu an.

1

2

3

1. Wenn du die Möglichkeit hast, nutze unterschiedliche Holzarten. Dann hast du eine schnelle Ernte, aber auch einen langen Erntezeitraum.

2. Die Holzdübel müssen stramm in die Löcher gehen, damit das Myzel direkt Kontakt mit dem Holz hat.

3. Das Myzel ist komplett durch den Stamm gewachsen, entsprechend kommen die Fruchtkörper an ganz verschiedenen Stellen hervor.

In meinem kleinen Pilzgarten wachsen fünf verschiedene Pilzarten. Heute sind die Shiitake-Pilze, die an einem Hainbuchen-Stamm wachsen, erntreif.

Diese Stapelrahmen haben sich zur Pilzzucht im Garten bestens bewährt - immer nur eine Pilzart pro Element.

hierzu größere Löcher in den Stamm oder sägst Keile aus dem Holz. Die Hohlräume werden nun mit der Brut beimpft und mit einem Klebeband verschlossen. Generell gilt, je mehr Brutmyzel du in den Stamm bringen kannst, desto schneller durchwächst das Myzel die Hölzer und bildet Fruchtkörper. Bei Hartholz kann es durchaus ein bis anderthalb Jahre dauern, bis die ersten Pilze zu sehen sind. Dann können diese aber auch fünf bis sechs Jahre lang wachsen. Anders bei Weichhölzern: Hier können sich bereits nach wenigen Monaten die ersten Fruchtkörper bilden. Meist ist das Holz drei Jahre später morsch und fällt langsam zusammen. Im Laufe der Jahre können auch andere Pilzarten auf den Stämmen vorkommen. Diese sehen komplett anders aus als jene, welche du beimpft hast.

ZÜCHTEN AUF STROH

Diese Zuchtvariante ist nach meiner Erfahrung schwieriger geworden, weil es fast keine kleineren Strohballen mehr gibt. Gefunden habe ich diese in Tiermärkten. Diese haben eine optimale Größe von ca. 60 × 40 × 20 cm und sind außerdem biologisch angebaut, also ohne Fungizide. Zu große Ballen lassen sich nicht mehr transportieren, wenn sie mit Wasser vollgesogen sind.

Verwende Bio-Stroh!

1

2

3

1. Als ersten Schritt einige Schlitze in den Strohballen schneiden und den kompletten Ballen für zwei bis drei Tage wässern.

2. Nachdem der Ballen abgetropft ist, kannst du das Myzel (Fachhandel, Internet) an verschiedenen Stellen in das Stroh stecken.

3. Schon nach wenigen Tage erscheinen die ersten Fruchtkörper.

1

2

1. Als Grundmischung 2,5 kg Strohpellets mit acht Liter lauwarmem Wasser für sieben Tage aufquellen lassen.

2. Die Mischung danach in eine Wanne oder einen Eimer geben. Mehrere Löcher mit 10 mm Durchmesser bohren.

Beimpfen

1. Strohballen für mindestens 48 Stunden ins Wasser legen. Der Strohballen muss auch im Innern gut durchfeuchtet sein.
2. Ballen aus dem Wasser nehmen und einige Stunden abtropfen lassen.
3. Auf einen Strohballen mit ca. 10 kg Trockengewicht gebe ich 1 l Pilzbrut. Die Folie lasse ich um das Stroh, sonst fällt es leicht auseinander – ich steche lediglich mit einem Holzstück etwa 20 Löcher rundherum in den Ballen, gebe die Brut hinein und drücke das Stroh an dieser Stelle zusammen, damit die Brut verschlossen ist.
4. Den Ballen lagere ich an einem schattigen Platz, auf der Erde liegend. Je höher die Luftfeuchtigkeit, desto besser für das Wachstum. Die Brut wächst ab ca. 10 °C, optimal sind ca. 25 °C. Das Myzel durchwächst das Stroh schon nach wenigen Wochen, und die ersten Pilze zeigen sich.
5. Nach einigen Wachstumsschüben ist das Substrat verbraucht und kann auf dem Kompost entsorgt werden. Eventuell findet das Pilzmyzel dort Strukturen zum Abbauen. Auch hier können sich Fruchtkörper zeigen.

ZÜCHTEN AUF STROHPELLETS

Die beste, schnellste und einfachste Möglichkeit für die Pilzzucht kommt zum Schluss. Du benötigst Strohpellets, die es bei den Anbietern von Pilzmyzelien gibt oder bei Argrarmärkten wie Raiffeisen, die Pferdeeinstreu verkaufen.

Beimpfen

1. Übergieße beispielsweise 2,5 kg Strohpellets mit 8 l warmem Wasser.
2. Für sieben Tage fermentieren lassen.
3. Die aufgequollenen Pellets mit 1 l Pilzbrut vermischen.
4. Das Ganze in Gefäße wie Eimer, Blumentöpfe, Plastikbehältnisse oder auch in ein Erdbeet geben, mit einer Folie abdecken und etwas andrücken.
5. In die Behältnisse und die Folie müssen an mehreren Stellen mindestens 10 mm große Löcher gebohrt werden. Hierdurch entsteht ein feuchtes Klima, in dem der Luftaustausch weiterhin möglich ist.
6. Die Töpfe können in den Wintermonaten im Haus und im Sommer auf der Terrasse oder in einem Gewächshaus aufgestellt werden.
7. Sobald an der Oberfläche das Myzel zu sehen ist, Folie abnehmen und ab und an mit einer Sprühflasche Feuchtigkeit zugeben.
Den schnellsten Erfolg hatte ich tatsächlich drei Wochen nach dem Beimpfen mit Rosenseitlingen.

016

Strohpellets

In diesem Video zeige ich dir, wie man Pilze auf Strohpellets züchtet.

Pilze sammeln

Pilze in der Natur zu sammeln ist sehr anspruchsvoll. Hier haben wir es mit ca. 5000 Arten zu tun und die meisten Speisepilze haben einen oder gleich mehrere z. T. tödliche Verwechslungspartner. Wenn du zunächst bei den Röhrlingen bleibst, hast du schon mal die Sicherheit, dass hier keine tödlich giftigen Gefahren lauern.

Erfahrungsgemäß ist die Fruchtkörperbildung nach der dritten Ernte abgeschlossen.

Züchten auf Strohpellets, die in den Boden kommen

Einige Pilzarten wie der Schopftintling können direkt im Gartenboden kultiviert werden. Hierzu lässt du, wie beschrieben, dass Myzel durch die Strohpellets wachsen, um es dann im Gartenboden einzusetzen. Die Pilze bilden zur selben Zeit wie in der Natur die Fruchtkörper.

FERTIGE MYZELBLÖCKE UND MEINE ZUCHTKISTE

Im Handel gibt es schon beimpfte Substratblöcke zu kaufen. Diese benötigen möglichst große Luftfeuchtigkeit und Wärme. Wenn diese Voraussetzungen gegeben sind, kommen schon nach kurzer Zeit die ersten Pilze. In den meisten Fällen ergeben sich drei Ernten und danach wird der Block auf dem Kompost entsorgt.
Ich finde es allerdings sehr schade, dass ein offensichtlich noch intaktes Pilzmyzel, wenn keine oder sehr wenige Fruchtkörper mehr wachsen, auf dem Kompost entsorgt werden muss. Mein Gedanke war daher, dass Myzel nicht sterben zu lassen, sondern mit anderen organischen Materialien, zum Beispiel Kaffeesatz, zu füttern. Dazu baute ich eine kleine Zuchtkiste, wo die Strohpellets mit dem Myzel und Kaffeesatz vermischt wurden. Dieser wanderte also nicht mehr auf den Kompost, sondern wurde zum Füttern der Brut verwendet. Siehe da, das funktioniert wirklich. Mit dieser Methode konnte ich Myzelien noch drei Jahre am Leben halten und immer wieder Fruchtkörper ernten.

1

2

3

017

Pilze aus der Kiste

Im Video siehst du meine Pilzzuchtkiste noch einmal im Detail.

1. Zunächst wachsen die Pilze in der Strohpellets-Grundmischung, dann werden sie mit Kaffeesatz gefüttert.
2. Sobald eine Kiste voll ist, kommt ein weiterer Rahmen dazu. Kiste immer oben abdecken!
3. Leckere Austernseitlinge quetschen sich durch die zuvor gebohrten Löcher.

AUSTERNSEITLING

— *Pleurotus ostreatus*

AUSSEHEN UND VORKOMMEN Die Lamellen gehen übergangslos in den kräftigen Stiel über, der an einer Seite wächst. Kommt in der Natur nur im Winter vor, an abgestorbenen oder gelagerten Laubbäumen vor dem Abtransport.

VERWECHSLUNG IN DER NATUR Mit dem ungenießbaren Gelbstieligen Muschelseitling *(Sarcomyxa serotina)* und dem an Nadelholz wachsenden, sehr giftigen Ohrförmigen Seitling *(Pleurocybella porrigens)*.

ANBAU Geeignete Hölzer sind Rotbuche, Birke, Esche, Erle, Pappel, Weide, gesunde Obstgehölze, Stroh und Strohpellets. Das Myzel, das im Handel angeboten wird, ist eine „Ganzjahressorte", d. h., die Fruchtkörper zeigen sich im Frühjahr und Herbst, aber auch im Sommer nach ergiebigem Regen.

WACHSTUM UND ERNTE Die Fruchtkörper können bis zu 20 cm groß werden und wachsen in dichten Trauben.

GESCHMACK UND ZUBEREITUNG Behält auch nach der Zubereitung einen festen Biss und schmeckt ausgezeichnet.

LUNGENSEITLING

— *Pleurotus pulmonarius*

AUSSEHEN UND VORKOMMEN Gerne wird dieser Pilz Sommer-Austernseitling genannt, da zur Fruchtkörperbildung kein Kältereiz benötig wird. Er zersetzt verschiedene Laubhölzer wie Buche, Esche, Pappel oder Birke. Die Fruchtkörper sind grauweiß, jung weich und mit zunehmendem Alter etwas zäh. Sie können bis zu 15 cm groß werden. Die Ränder sind beim Lungenseitling im Gegensatz zum Austernseitling welliger oder fransiger und es fehlen die Blautöne auf der Huthaut.

VERWECHSLUNG IN DER NATUR Der sehr giftige Ohrförmige Seitling *(Pleurocybella porrigens)* wächst auf Nadelholz.

ANBAU Lässt sich auf Holz, Stroh und Pellets züchten.

WACHSTUM UND ERNTE In dichten Büscheln und an einem kurzen, seitlich versetzten Stiel wachsen die kleineren und zarteren Fruchtkörper – wie beim Austernseitling.

GESCHMACK UND ZUBEREITUNG Typischer Pilzgeruch: süßlich, anisartig oder neutral. Zubereitung wie Austernseitilinge. Perfekt zum Trocknen geeignet.

ROSEN- UND LIMONENSEITLING

— *Pleurotus salmoneo-stramineus, P. cornucopiae* var. *citrinopileatus*

AUSSEHEN Beide Seitlinge sind mit dem Austernseitling verwandt. Die Fruchtkörper bleiben wesentlich kleiner als bei Austern- und Lungenseitling.

VERWECHSLUNG IN DER NATUR Stammen aus den Tropen und sind in Deutschland nicht zu finden.

ANBAU Auf Holzstämmen wie Buche, Weide, Pappel, Ahorn, Ulme, Erle, Birke sowie Stroh, Pellets oder Kaffeesatz möglich. Im Haus ist ein ganzjähriger Anbau bei entsprechender Wärme kein Problem.

WACHSTUM UND ERNTE Beide bilden sehr zuverlässig und schnell die ersten Fruchtkörper. Lass die Pilze, die in Trauben wachsen, nicht zu groß werden, damit diese zart bleiben. Winterschutz mit Zweigen oder Jutesäcken ist bei strengem Frost ratsam. Bilden von Mai bis Oktober mehrmals Fruchtkörper.

GESCHMACK UND ZUBEREITUNG Leckere Speisepilze, die gut zu Nudeln passen. Sehr gut zum Trocknen geeignet.

KRÄUTERSEITLING

— *Pleurotus eryngii*

AUSSEHEN Kräftig, gedrungen wachsend, mit weißlichem, cremeockerfarbenem bis graubraunem, meist lange eingerolltem Rand, oft etwas wellig glatt, filzig, fein lederartig.

VERWECHSLUNG IN DER NATUR Keine, da er in Mitteleuropa sehr selten ist.

ANBAU Das Myzel wächst in der Natur parasitär auf den bis zu 2 m tief reichenden Wurzeln des Feld-Mannstreus. Er benötigt daher eine Substratmischung, z. B. aus gleichen Anteilen von Laubholzhäckseln, Stroh und Kaffeesatz. Eine ganzjährig mögliche Alternative im Haus oder Gewächshaus ist eine Fertigkultur bestehend aus dem Substrat mit Myzel.

WACHSTUM UND ERNTE Ganzjährig möglich. Fruchtkörper benötigen eine hohe Luftfeuchtigkeit, Licht und 10 bis 18 °C.

GESCHMACK UND ZUBEREITUNG Der Geschmack erinnert an Steinpilze. Dank ihrer Konsistenz sind Kräuterseitlinge besonders bei Vegetariern als Fleischersatz beliebt.

CHAMPIGNON

— *Agaricus bisporus* var. *hortensis*

AUSSEHEN Lamellenpilz, der zunächst rosafarbene und später braune bis fast schwarze Lamellen besitzt.

VERWECHSLUNG IN DER NATUR Champignons in der Natur zu sammeln, ist nichts für Anfänger:innen. Auch innerhalb der Gattung der Champignons gibt es giftige Arten wie den Karbolegerling. Die tödlich giftigen Knollenblätterpilze haben dagegen immer weiße Lamellen.

ANBAU Als sogenannter Kompostpilz benötigt er neben Stroh weitere Nährstoffe wie Pferdemist. Wenn du diese Mischung nicht selbst herstellen kannst, greife auf fertige Kulturen zurück, in denen Substrat und Myzel enthalten sind.

WACHSTUM UND ERNTE Du kannst mit drei bis vier Erntewellen rechnen und die Kultur danach auf dem Kompost entsorgen. Wenn du Glück hast, findet das Myzel weitere Materialien zum Abbauen und bildet auch hier Fruchtkörper.

GESCHMACK UND ZUBEREITUNG In der Pfanne. Einer der wenigen Pilze, die man in kleinen Mengen roh verzehren kann.

SHIITAKE

— *Lentinula edodes*

AUSSEHEN Lamellenpilz mit braunem, faserig-schuppigem Hut, bei dem der Hutrand lange eingerollt ist. Der kurze Stiel ist bräunlich faserig auf hellem Grund, mit wolliger Ringzone.

VERWECHSLUNG IN DER NATUR Keine, Shiitake kommt in Deutschland nicht in der Natur vor.

ANBAU Bis die ersten Fruchtkörper wachsen, dauert es mindestens 12 bis 18 Monate, dann ist der Pilzgenuss allerdings über Jahre gesichert. Beimpfte Stämme – Knüppelhölzer von Eiche, Hainbuche oder Rotbuche – werden auf die Erde gestellt. Die idealen Maße der Hölzer sind 100 bis 120 cm Länge, 12 bis 20 cm Durchmesser.

WACHSTUM UND ERNTE Wächst über viele Jahre einzeln an den Hölzern. Zum Anregen der Fruchtkörperbildung die Hölzer auf den Boden stampfen und 30 bis 60 Minuten wässern.

GESCHMACK UND ZUBEREITUNG Für mindestens 15 Minuten auf 80 °C erhitzen. Eine zu kurze Garzeit kann zu einer schmerzhaften Shiitake-Dermatitis (Hautausschlag) führen.

SCHOPFTINTLING

— *Coprinus comatus*

AUSSEHEN Aufgrund seiner charakteristischen Wuchsform, mit einem langgestreckten Hut, der nie aufschirmt, leicht zu erkennen. Der Hut ist bei jungen Pilzen weißlich, geschuppt, beginnt vom Hutrand aus zu schwärzen und zerfließt letztlich.

VERWECHSLUNG IN DER NATUR Mit dem kleineren Faltentintling, der keinen weißen, sondern einen grauen Hut hat. Dieser ist in Kombination mit Alkohol sehr giftig.

ANBAU Auf Strohpellets im Boden.

WACHSTUM UND ERNTE Wächst gesellig, sodass du meistens gleich mehrere Fruchtkörper findest. Gern direkt neben Waldwegen, auf Wiesen, in Parks auf nährstoff- und kalkreichen Böden. Ernte nur die jungen, vollkommen weißen Pilze. Schon wenige Stunden später zerfließt der Hut und die „schwarze Tinte“ läuft heraus. Möglichst schnell zubereiten!

GESCHMACK UND ZUBEREITUNG Der Stiel lässt sich leicht entfernen, trocknen und zu Pilzpulver mahlen. Hüte aufklappen und in der Pfanne braten oder hohle Hüte füllen und backen

SAMTFUSSRÜBLING

— *Flammulina velutipes*

AUSSEHEN Leicht gewölbte und später verflachende Hüte. Leuchtend gelbe bis gelbbraune, honiggelbe, schmierige bzw. klebrige Huthaut. Sehr markante weißfi zige Stielspitze und dunkelbraune bis schwarze, samtige, faserige bzw. gummiartige Stielbasis.

VERWECHSLUNG IN DER NATUR Zu dieser Jahreszeit können ähnlich ausschauende giftige Flämmlinge oder Schwefelköpfe vorkommen. Achtung: Der tödlich giftige Gifthäubling *(Galerina marginata)* kommt von Frühling bis Spätherbst vor und könnte in der Übergangszeit zum Winter noch gleichzeitig wachsen.

ANBAU Impfung von Laubhölzern wie Rotbuche, Eiche, Birke, Pappel und Weide.

WACHSTUM UND ERNTE Einer der sehr wenigen essbaren Winterpilze, der nach dem ersten Frost Fruchtkörper bildet. Er hat ein angenehmes Pilzaroma und eignet sich nach dem Trocknen ausgezeichnet für die Herstellung eines Pilzpulvers.

IGELSTACHELBART

— *Hericium erinaceus*

AUSSEHEN Wundparasit von verletzten Laubbäumen. Der weiße und bis zu 40 cm große Fruchtkörper mit vielen kleinen spitzen Zotten oder Zacken erinnert an Korallen. Im Handel findet man ihn auch als Pompom blanc bzw. Affenkopfpilz.

VERWECHSLUNG IN DER NATUR Mit dem essbaren Tannen- oder Ästigen Stachelbart.

ANBAU Kann auf Eiche, Buche oder Obstbäumen mit den bekannten Impfmethoden angebaut werden. Alternativ ist der Anbau mit einer Fertigkultur und in einem kühleren (Keller-) Raum möglich. Er benötigt zur Fruchtkörperbildung eine hohe Luftfeuchtigkeit, 10 und 18 °C sowie Licht.

WACHSTUM UND ERNTE Die Fruchtkörper werden meist in den Monaten September oder Oktober gebildet. Sie wachsen aus einem gemeinsamen Strunk, welcher vorsichtig vom Stamm abgeschnitten werden sollte.

GESCHMACK UND ZUBEREITUNG Als Schnitzelalternative bei Veganern sehr beliebt, wird entsprechend so zubereitet.

JUDASOHR

— *Auricularia auricula-judae*

AUSSEHEN Der Pilz besitzt keinen Stiel, sondern ist ohrförmig, bis 15 cm im Durchmesser, feinfilzig, samtig und mit Adern durchzogen.

VERWECHSLUNG IN DER NATUR Am ehesten mit dem ungenießbaren Kleinen Judasohr sowie einigen giftigen Drüslingen oder auf dem Boden wachsenden giftigen Becherlingen.

ANBAU Auf Holunder, gelegentlich auf Birke.

WACHSTUM UND ERNTE Der Pilz wächst vor allem im zeitigen Frühjahr und bei feuchter Witterung. Das Fleisch ist gallert- bzw. gummiartig und zäh. Es schrumpft bei Trockenheit zusammen und lebt bei Feuchtigkeit wieder auf. Das Judasohr ist einer der ältesten kultivierten Speise- und Vitalpilze. Bereits seit über 1500 Jahren wird er im asiatischen Raum angebaut.

GESCHMACK UND ZUBEREITUNG In chinesischen Restaurants essen wir den Mu-Err als chinesische Morchel mit, ohne zu wissen, dass es sich um das Judasohr handelt. Der Pilz hat keinen nennenswerten Geruch oder Geschmack.

STOCKSCHWÄMMCHEN

— *Kuehneromyces mutabilis*

AUSSEHEN Der Pilz wächst fast das ganze Jahr über in größeren Gruppen auf totem Buchenholz. Markant ist der wasserziehende (hygrophane) Hut mit verschiedenen Feuchtezonen. Der Stiel ist schuppig auf gelbweißem Grund, niemals silbrig glänzend.

VERWECHSLUNG IN DER NATUR Sein tödlicher Verwechslungspartner, der Gifthäubling *(Galerina marginata)*, wächst meist auf Nadelholz, kann vereinzelt aber auch auf Laubholz vorkommen. Sein Stiel ist silbrig überfasert.

ANBAU Um dem gefährlichen Verwechslungspotenzial in der Natur aus dem Weg zu gehen, wird dieser Pilz an Buche oder Hainbuche mit den gewohnten Methoden geimpft.

WACHSTUM UND ERNTE Die Fruchtkörper wachsen büschelig, meist in großer Zahl. Mehrere Ernteschübe im Jahr.

GESCHMACK UND ZUBEREITUNG Einer unserer leckersten Speisepilze – angenehm, mild, nussig und würzig. Nicht zum Rohverzehr geeignet!

SCHWEFELPORLING

— *Laetiporus sulphureus*

AUSSEHEN Parasitisch lebender Pilz und aggressiver Holzzerstörer mit leuchtend gelbem bis orangefarbenem Fruchtkörper, der schichtartig übereinanderwächst.

VERWECHSLUNG IN DER NATUR Mit dem ebenfalls essbaren Nadelholzschwefelporling und anderen Porlingen, die allesamt keine Speisepilze sind.

ANBAU Auf Buche, Hainbuche oder Eiche.

WACHSTUM UND ERNTE Nur junge Exemplare, die sich noch leicht zusammendrücken lassen, werden geerntet. Achte in der Natur darauf, dass du nur Fruchtkörper von nicht giftigen Bäumen sammelst, also nicht von Eibe oder Robinie.

GESCHMACK UND ZUBEREITUNG Für mich einer der leckersten Speisepilze. Ich lasse ihn wie Nuggets zerkleinert für 10 Minuten in leicht gesalzenem Wasser köcheln, um die Oxalsäure zu eliminieren. Anschließend paniere und brate ich ihn wie ein Schnitzel. Die Konsistenz und der Geschmack sind von Hähnchenfleisch nicht zu unterscheiden.

SERVICE

Gut zu wissen

ZUM WEITERLESEN

Jürgen Amthor und Werner Krieger: **Wunderbare Welt mit Effektiven Mikroorganismen.** Für Gesundheit, Haushalt, Tiere, Garten, Landwirtschaft und Umwelt. W. Krieger Fränkische Illustrierte

Rudolf Brehm und Kurt Kretschmann, Kurt: **Mulch total.** Ein Weg in die Zukunft. OLV

Otmar Diez: **Es geht auch einfach!** Gärtnern für Selbstversorger mit wenig Zeit und wenig Platz. Kosmos

Otmar Diez: **Unsere essbare Natur.** Wildkräuter, Bäume, Sträucher und Pilze bestimmen, sammeln, zubereiten. Extra: Abwechslungsreiche Rezepte. Kosmos

Otmar Diez: **Was mache ich wann im Gemüsegarten?** Bild für Bild durchs Gemüseleben. Kosmos

Markus Flück: **Welcher Pilz ist das?** Bestimmen, sammeln, verwerten. Erkennen durch Baumpartner. Kosmos

Andreas Gminder: **Handbuch für Pilzsammler.** Mit Bestimmungsschlüssel, Lebensraum und Zeigerpflanzen. Kosmos

Ortrud Grieb: **Wer kann mit wem im Beet?** Die besten Partner – pflegeleicht & ökologisch. Kosmos

Dr. Rita Lüder: **Grundkurs Pilzbestimmung.** Quelle & Meyer Verlag

Wolf-Dieter Storl: **Der Selbstversorger. Mein Gartenwissen.** Gräfe und Unzer

Schwester Christa Weinrich OSB: **Biologisch Gärtnern.** Natürlicher Anbau – gesunde Ernte. av Buch

Schwester Christa Weinrich OSB: **Mischkultur im Hobbygarten.** Ulmer

NÜTZLICHE ADRESSEN

Gartenpraxis

www.derkleinegarten.de
www.gartenjournal.net
www.gartenratgeber.net
www.mein-schoener-garten.de
www.plantura.garden
www.wurzelwerk.net

Bio-Saatgut

www.arche-noah.at
www.bingenheimer-saatgut.de
www.dreschflegel-saatgut.de

Rahmenbeete

www.klostermanufaktur.de

Nützliches für Haus und Garten

www.abtei-fulda.de
www.keimling.de
www.kupfer-anton.de
www.manufactum.de

Effektive Mikroorganismen

www.bio-bahnhof.de
www.em-chiemgau.de
www.em-kaufhaus.de
www.em-manufaktur.de
www.em-sued.de
www.emiko.de
www.multikraft.com

Pilze und Pilzzucht

www.123pilze.de
www.pilzbrut.de
www.pilzmaennchen.de
www.pilzpaket.de
www.shii-take.de

Register

Otmar Diez

Gesundheitlichen Beschwerden veranlassten ihn vor mehr als 30 Jahren, ein möglichst naturgemäßes Leben zu führen. Im Laufe der Jahre hat er sich immer mehr Wissen über Gemüseanbau, Wildkräuter, Heilpflanzen und letztendlich auch Pilze angeeignet. Er absolvierte Ausbildungen zum Naturpädagogen und Pilzsachverständigen der DGFM. Hinzu kamen zahlreiche Seminare an der Paracelsus Schule. Ein besonderer Schwerpunkt war die Selbstversorgung mit Gemüse, Kräutern und Pilzen aus dem eigenen Garten. Otmar Diez ist immer auf der Suche nach möglichst einfachen und effektiven Anbaumethoden. So entstanden unter anderem das Rahmenbeete-System und das neu entwickelte Multifunktionshochbeet.

2011 gründete Otmar Diez eine Naturschule, in der Menschen aus ganz Deutschland verschiedene Ausbildungen zum Leben mit der Natur sowie Workshops über Selbstversorgung, Biogarten und die äußerst begehrten Pilzseminare absolvieren können.
www.naturschule-diez.de

Seine Erfahrungen gibt er auch als Autor und als Dozent bei Bundesgartenschauen, Gartenfestivals und an Wohllebens Waldakademie weiter.

Naturschule Diez

WALD ERLEBNIS FÜHRER – 12-TÄGIGE AUSBILDUNG

Waldbaden, Naturerfahrungen, Waldwissen zu Bäumen Sträuchern, Wildkräuter des Waldes und Grundlagen über Pilze. Rechtliche Grundlagen sowie forstliche Belange. Aufbau und Durchführung von entsprechenden Veranstaltungen.

INTENSIVSEMINAR SELBSTVERSORGUNG – 3 TAGE

- Grundlagen, Anbauplanung und Anlage eines Gemüse- und Kräutergartens. Kompost, Terra Preta, Mulchen, verschiedene Beetsysteme usw.
- Grundlagen der Pilze sowie Pilzzucht in Haus und Garten.
- Grundlagen der wichtigsten heimischen Wildkräuter und ihrer Nutzung

WILDKRÄUTER ERLEBNIS FÜHRER – 12-TÄGIGE AUSBILDUNG

Kennenlernen von ca. 60 Wildkräutern, kulinarische und medizinische Anwendungen, Räuchern, Salben- und Tinkturherstellung, Hydrolate, Aufbau und Durchführung von Gruppenführungen und entsprechenden Veranstaltungen.

PILZSEMINARE FÜR ANFÄNGER UND FORTGESCHRITTENE – JEWEILS 1 TAG

Einstieg in die faszinierende Welt der Pilze. Angstfrei Pilze sammeln, Kennenlernen der Röhrlingsgattungen sowie der Täublinge, Milchlinge, Champignons und weiterer essbarer Pilze. Pilzbestimmung mit Buch, Handy und Internet.

BILDNACHWEIS

304 Farbfotos wurden von Otmar Diez für dieses Buch aufgenommen.

Weitere Farbfotos von
Mauritius Images (4): Alamy Stock Photos / Manfred Ruckszio: 113 li.; Alamy Stock Photos / Robert Kneschke: 113 re.; Alamy Stock Photos / Tim Gainey: 78 u.; Alamy Stock Photos / Zbynek Pospisil: 124 u.; **Shutterstock** (3): Fotografie-Schmidt: 107 u.; Marina Lohrbach: 139 o.; VH-studio: 132.

Mit 7 Illustrationen von Claudia Schick, Neumarkt.

IMPRESSUM

Umschlaggestaltung von Claudia Eder, Schönburg unter Verwendung von 2 Farbfotos von Getty Images/sanjeri (Umschlagvorderseite) und Otmar Diez (Umschlagrückseite).

Mit 311 Farbfotos und 7 Farbzeichnungen.

Gedruckt auf umweltfreundlichem Papier, klimaneutral hergestellt.

Pfizerstraße 5–7, 70184 Stuttgart
kosmos.de/servicecenter

ISBN 978-3-440-17961-1
Projektleitung: Carolin Küßner
Redaktion und Bildredaktion: Carolin Küßner
Gestaltungskonzept: GRAMISCI Editorialdesign, München
Gestaltung und Satz: Katrin Kleinschrot, Stuttgart
Produktion: Klaus Jost
Druck und Bindung: Gugler GmbH, A-Melk/Donau
Printed in Austria / Imprimé in Autriche

print 4 climate®
klimafreundlich gedruckt

– produziert nach den Richtlinien des Österreichischen Umweltzeichens, Gugler GmbH, UW-Nr. 609, www.gugler.at

Sicher. Kreislauffähig. Klimafreundlich.
C2C Certified® SILBER by gugle
drucksinn.at

Biologisch gärtnern — mit Otmar Diez

128 Seiten

Wann dürfen die Karotten ins Freiland? Wie muss ich Tomaten ausgeizen? Und woran erkenne ich erntereifen Spinat? Dieser Ratgeber für Selbstversorger beantwortet jede Frage zur Gartenpraxis im Gemüsebeet anhand von detaillierten Fotos. Von Aussaat und Pflanzung bis zur Ernte wird auf den Fotos gezeigt, wie die Pflanze gerade aussieht und was im jeweiligen Stadium zu tun ist. Die anschaulichen, leicht verständlichen Anleitungen werden ergänzt durch eine übersichtliche Tabelle zu Mischkulturpartnern, Pflanzabständen und Kulturdauer. Der perfekte Begleiter, besonders für Einsteiger beim Gemüsegärtnern.

Wer trotz knapper Zeit nicht auf selbst angebautes Gemüse und Kräuter verzichten möchte, findet in diesem Ratgeber leicht umsetzbare Ideen und grundlegendes Wissen. Die Ideallösung für Menschen mit wenig Zeit ist das Rahmenbeet. Otmar Diez stellt 12 Musterbeete vor und erklärt die Grundlagen biologischen Gärtnerns. Kompakt und übersichtlich zeigt er die komplette Gartenpraxis im ökologischen Nutzgarten – von Aussaat und Pflanzung, über Kompost, effektive Mikroorganismen und Terra Preta-ähnliche Erde bis hin zum Ernten, Lagern und Dörren. So genügen 20 qm für gesundes Gemüse und Kräuter aus dem eigenen Garten.

144 Seiten

kosmos.de